都市変容の確率過程

個人の自由選択による都市秩序形成

青木義次 著

大学教育出版

まえがき

　コルビジュエのような天才建築家が理想の都市を描く．建築家は，あたかも全智全能の神のように躊躇なく理想都市を設計してしまう．後は，人びとが設計案通りに作ればよい．しばしば描かれる都市計画の理想的進行状況である．こんな単純な図式でなくとも，都市計画案に基づき，統制のとれた管理の元に，都市を建設してゆくべきという考え方は，多くの人に支持されているように思う．

　都市計画を学び始めた頃の筆者も，このような理想イメージを抱き，計画者が全智全能に一歩でも近づくため，人口予測，最適配置などの計画技術に強い関心を持った．しかし，学習するほどに計画技術の不完全さを知ることになった．都市計画に必要な小地域の人口推定では20年先がやっとで50年先はほとんどあてにならない．森林を復活させるには50年以上の年月が必要とされるのに，20年先がやっと分かる程度の計画者が，森林を伐採して住宅地を建設する計画案を作る根拠があるのだろうかと悩んだ．都市計画では，全智全能にはなりえない．とすれば，本当に，ひとつの都市計画案にそった統制が意味を持つのだろうか．

　一方，統制されないと都市は良くならないのだろうかという疑問も持った．都市の住民が自由に自分のしたいようにしてしまうことが，都市計画を否定してしまうことなのだろうか．

　都市住民の自由な行動が，都市をよくしていく可能性がないものか考えてみたい．学生時代に心の片隅に生じた考えが，次第に強くなることはあっても消えることはなかった．都市の住民が自由に行動すると，都市全体の状態はどうなるのか．自由の代償として都市は混乱状態になってしまうのだろうか．そんな単純な問いから，科学的論理で答えてゆくことはできないだろうかと思うようになった．本研究の個人的動機である．

2009年10月

　　　　　　　　　　　　　　　　　　　　　　　　　　　　青木　義次

本書の出版に関して、独立行政法人日本学術振興会平成 21 年度
科学研究費補助金（研究成果公開促進費）学術図書の交付を受けた。

都市変容の確率過程
―個人の自由選択による都市秩序形成―

目　次

まえがき ……………………………………………………………………… i

第1章　都市変容の認識 …………………………………………………… 1
1.1　都市の容貌とふたつの認識水準　*1*
1.2　都市の変容を語るための概念　*3*
    1.2.1　定常性　*3*
    1.2.2　安定性　*5*
    1.2.3　確率的均衡　*5*

第2章　都市変容の確率論的モデル ……………………………………… 7
2.1　個人の土地利用用途選択行動　*7*
    2.1.1　都市内の敷地とその土地利用用途　*7*
    2.1.2　土地利用から得られる効用　*8*
    2.1.3　土地利用用途の変化　*10*
    2.1.4　効用の線形性　*11*
2.2　都市の状態変化　*13*
    2.2.1　都市の状態とその変化　*13*
    2.2.2　均衡分布　*16*
    2.2.3　均衡分布への収束性　*18*
2.3　都市状態の確率的安定均衡と都市の活性　*18*
    2.3.1　E関数の存在と構成　*18*
    2.3.2　E関数の意味　*21*
    2.3.3　都市状態のインセンティブ誘導　*23*

第3章　都市形態の基本変量 ……………………………………………… 25
3.1　都市形態を表すマクロレベルでの量　*25*
3.2　E関数の統計量としての性質　*26*

　　　　3.2.1　基本統計量　*26*

　　　　3.2.2　都市状態の平均と分散　*27*

　　　　3.2.3　E関数の平均とパラメータβの関係　*28*

　3.3　E関数の概念拡張　*29*

　　　　3.3.1　状態数の概念とE関数の確率分布　*29*

　　　　3.3.2　都市状態のE－エントロピー　*30*

　　　　3.3.3　F関数　*30*

　　　　3.3.4　E関数の近似仮定　*31*

　　　　3.3.5　都市のF関数の性質と単純表現　*33*

第4章　都市空間の土地利用変化と誘導戦略
　　　　―一様空間モデルにおける平均場理論の適用―……………　*36*

　4.1　土地利用形態の巨視的状況の解明　*36*

　4.2　一様空間モデルと平均場理論　*37*

　　　　4.2.1　一様空間モデル　*37*

　　　　4.2.2　平均場理論　*39*

　　　　4.2.3　トレース記法　*40*

　4.3　一様空間モデルの状態期待値　*41*

　　　　4.3.1　状態期待値に関する方程式　*41*

　　　　4.3.2　一様相互作用モデルの状態期待値　*42*

　4.4　一様空間モデルの均衡状態　*44*

　　　　4.4.1　一様空間モデルのF関数の極小化　*44*

　　　　4.4.2　均衡状態のカタストロフィー　*48*

　　　　4.4.3　土地利用の誘導・規制戦略　*51*

第5章 地域特化理論 ―ゾーニング形成の基礎理論― ……………… 53

5.1 一様な空間から非一様な都市パターンの形成　53
    5.1.1 都市空間の特化　53
    5.1.2 これまでの結果　54

5.2 F 関数の摂動解析　55
    5.2.1 摂動モデルの E 関数　55
    5.2.2 摂動モデルの E−エントロピー　57
    5.2.3 摂動モデルの F 関数　59
    5.2.4 摂動 F 関数の極小化　60

5.3 土地利用用途の分化　62
    5.3.1 一様解の性質　62
    5.3.2 一様解の安定性　63
    5.3.3 土地利用の分化　64

第6章 多用途地域モデル ……………………………………………… 67

6.1 多用途モデルへの拡張　67

6.2 F 関数の一般化　68
    6.2.1 一般化都市モデル　68
    6.2.2 E 関数の一般化　68
    6.2.3 アンサンブルと場合の数　70
    6.2.4 都市のアンサンブルと場合の数　71
    6.2.5 場合の数と E−エントロピー　72
    6.2.6 一般化一様空間モデルの F 関数　75

6.3 F 関数の極小化解析　76
    6.3.1 F 関数の極小条件　76
    6.3.2 土地利用の均衡解の数値解法　77
    6.3.3 土地利用比率の力学系　81

6.3.4　パラメータの値とF関数の構造　*82*

第7章　土地利用連担性の自然形成理論 …………………………………… *84*
7.1　用途規制なしの土地利用形態　*84*
7.2　確率論的2状態都市モデルの概要　*85*
7.3　連担性の指標　*87*
　　　7.3.1　土地利用についての地点間一致性尺度　*87*
　　　7.3.2　距離による地点ペアのクラス分け　*87*
　　　7.3.3　連担性の評価式　*88*
7.4　連担性の変化　*89*
　　　7.4.1　E関数の近似表現　*89*
　　　7.4.2　連担性とE関数　*89*
7.5　シミュレーションによるゾーニング形成の確認　*90*

第8章　土地利用パターンの復元性 …………………………………… *95*
8.1　都市の変化と復元性　*95*
8.2　確率論的2状態モデル　*96*
　　　8.2.1　モデルの基本構造と単純化　*96*
　　　8.2.2　単純化モデルの数値例　*98*
8.3　土地利用の瞬間的混乱の確率論的定式化　*99*
　　　8.3.1　土地利用混乱モデル　*99*
　　　8.3.2　土地利用混乱モデルの数値例　*100*
8.4　瞬間的混乱以降の短期的状態変化　*101*
　　　8.4.1　混乱以降の短期的状態変化モデル　*101*
　　　8.4.2　混乱以降の短期的状態変化の理論的解明　*102*
　　　8.4.3　混乱以降の短期的状態変化の数値例　*105*
8.5　結果の解釈とまとめ　*106*

第 9 章　空間相関論 ……………………………………………………… *107*
　9.1　モデルの実証可能性　*107*
　　9.1.1　モデルと現実の都市との関連性　*107*
　　9.1.2　空間相関関数　*108*
　9.2　確率論的 2 状態モデル　*109*
　9.3　空間相関関数　*110*
　　9.3.1　空間相関関数の確率表現　*110*
　　9.3.2　平均場近似理論　*111*
　　9.3.3　空間相関関数の導出　*115*
　9.4　実データとの一致性　*120*
　9.5　結果の意義　*122*

付　録 ……………………………………………………………………… *124*
　A1　第 2 章 (2.4) 式の証明　*124*
　A2　第 2 章命題 3 の証明　*125*

あとがき …………………………………………………………………… *129*

引用・参考文献 …………………………………………………………… *131*

都市変容の確率過程
―個人の自由選択による都市秩序形成―

第1章　都市変容の認識

　本章では，都市の変化を見る視点として，ミクロとマクロな水準があることを述べる．ミクロな水準では，都市住民は自由に自己の利益を最大化する選択をしている．一方，同じ現象を都市全体の統計的な視点から眺めたものがマクロな水準での理解である．

　また，本書の全体を通じて登場する定常性，安定性および確率的均衡の概念についての直感的説明を行う．

1.1　都市の容貌とふたつの認識水準

　近くの鉄道駅まで徒歩．生活まわりの品々を扱う店舗と小さな飲食店舗が連なる商店街の中程に交番があり，この商店街をぬけたところが駅前で，バス停で通勤客がどっと合流し駅の階段を登る．10年ほど前に，この都市へ住居を移してからずっと繰り返す日常．鉄道駅周辺はまったく変わらない．大都市郊外のベッドタウンとして手頃なこの都市は，確かに人口は増え高層マンションも建てられている．商店街にある文具店でたばこの販売をしていたおばあちゃんは数年前になくなり，いつしか自動販売機が置かれるだけになった．ハンバーガー店も，今年に入って赤提灯の店になった．個々の建物や人は，確かに時間の経過の中で変化している．しかし，街全体の印象は，ほとんど変化していないのである．

個々のものは変化しているのに全体は変化していない．別の場面で，このように感じた記憶がある．森や林である．ひとつひとつの木や草は成長したり枯れたりする．花を咲かせる小さな草は，春に芽吹き秋には枯れてしまう．しかし，それでも森や林は，10年前もそうであったようにこんもりとした緑の風景をわれわれに見せてくれている．おそらく人為的な開発などなされなければ，それは数百年前と同じ風景であったに違いない．

生きるものたちが寄り添い集団として営む．このとき，個々の生命は，生まれ成長し死を迎える．ところが，個々の生命のタイムスパンを越えて，集団の生命の営みは，ずっと長い時間にわたって維持されるようだ．

都市もまた，人びとが共に生きていく場であり，個々の居住者や建物が絶え間なく変容をとげ，同時に都市全体としては，変わらぬ形態が維持されていくということは，あながち誤った認識ではないかもしれない．

本書で議論されるのは，まさに，個々の建物や人びとの絶え間ない変化と都市全体の形態の不変性の問題である．そのため，ふたつの異なる水準での都市認識が同時になされる．つまり，ひとつは，都市住民のひとりひとりの行動のレベルであり，他のひとつは，都市全体の土地利用状態というレベルである．

本書で議論するモデルでは，都市住民は，自分の敷地を保有し，敷地周辺の土地利用状態から，自分の利益を最大化するように自分の敷地の用途を決定する．これをミクロレベルと呼ぶ．都市住民は，ミクロレベルでは自由に行動している．

一方，各住民が各自の敷地の用途を決定した結果として，都市全体の土地利用が決まるが，この場合，個々の敷地がどうなったかという視点ではなく，都市全体での各用途の割合，同一用途が連続している程度，異種用途が隣接している割合など，いわば全体量を問題とすることを，マクロレベルと呼ぶ．つまり，マクロレベルでは，都市全体に関する統計的性質が問題とされる．

本書の議論はミクロレベルとマクロレベルの関係であると言ってもよいが，その議論の要となる重要な概念がある．都市の変容を語るための概念である．

本章の残りの部分でこの点について検討しておきたい．

1.2 都市の変容を語るための概念[1]

1.2.1 定常性

　WCED（環境と開発に関する世界委員会）が「持続可能な発展（Sustainable development）」という提案をしたのは1987年のことであった．当時ではサスティナブルという聞き慣れない言葉であったが，人びとの都市認識を大きく変化させるきっかけとなった．しかし，サスティナブルという用語の意味については，充分な共通理解に達していないように思われる．そこで，以下では，「変化する－変化しない」について，日常生活でわれわれが無意識にしている区別を反省的に理解することから始めたい．

　まず，コーヒーカップを机の上におく．仕事に夢中になって飲みかけのコーヒーのことなど忘れてしまうが，ふと気づくと，コーヒーカップは置いたときのままの位置にある．当然であるが，こうした状況を観察して「コーヒーカップはサスティナブルであった」と言うだろうか．確かに変化していないが，もともと変化しないものをサスティナブルと言うことはなく，「コーヒーカップは変化しない」と当たり前過ぎることを言うことは滅多にない．変化する可能性があるものが変化しないときに変化しないと言うのが普通である．コーヒーカップの例は，あえて言えば「不動」ということになろう．不動という現象は都市の中ではあまり見られない．都市全体は変化していないようでも，個々の現象を観察すれば，人びとは生きており日々活動し，個々の建築が作られ，また老朽化した建築が取り壊される．不動では決してないのである．

　次に，簡単な思考実験をしてみよう．古くなったポリバケツの底に錐で穴を開ける．この穴あきポリバケツに水を上端まで満たし経過を見る．もちろん徐々に水面の高さは減少していく．水面の高さは穴あきポリバケツの場合，不

動ではなく変化するものになっている．そこで，この穴あきポリバケツに，一定の割合で注水し続けてみる．うまく調整すると，水面の高さが下がりもせず上がりもしないで一定になる．つまり，変化する可能性のある水面の高さが変化しないのである．前のコーヒーカップの場合と明らかに異なる「変化しない」現象と言えるだろう．コーヒーカップの場合には，変化をする要因が無かったが，穴あきポリバケツの場合には，穴から流出する水量という変化量と注水量という変化量があり，変化の可能性があるにもかかわらず，うまくバランスして水面高さが変化しなかったのである．こうした現象を工学では「定常性」と呼んでいる．コーヒーカップが不動であったのに対して，穴あきポリバケツの水面高さは「定常である」と言えるだろう．

定常な状況では，重要な関係が成立している．それは，

増加変量の値＝減少変量の値

という等式である．穴あきポリバケツの場合，増加変量は注水量であり減少変量は流出量である．変化の中にバランスが成立しているのである．

上記の関係が成立している状態を「均衡状態」とか「平衡状態」と呼んでいる．

この均衡状態の概念は，実際の都市問題を議論するときも有効であろうか．維持可能性の発端となった都市と自然環境の問題に当てはめて考えておこう．自然環境の問題と先のポリバケツの例を対応させながら検討しよう．空気のおいしさ，自然環境の良さをどのように計測するかはそれ自体難しい問題でもあるが，自然環境の良さが計測できるとして，それをポリバケツの水面の高さに対応するものとしよう．自然環境を悪化させる多くの要因が存在するが，都市活動が活発になると，二酸化炭素の消費が増大し，また宅地開発が盛んになり結果として森林伐採が進む．ポリバケツの穴からの流出に相当するのが都市活動の活発化に対応する．一方，太陽の恵みを受けて植物が成長するので自然自体には回復力がある．これが，ポリバケツへの注水に相当する．注水量よりも流出量が大きくなれば水面は降下してしまったように，自然の回復力よりも越

えた都市活動の活発化は自然環境を悪化させるということになる．自然環境を一定水準に保つためには，都市活動が自然の回復力を上回らない水準を維持する必要がある．均衡状態つまりさまざまな量がバランスしているということは，都市を語るときにも重要な概念であると言えるだろう

1.2.2 安定性

都市を語るとき，均衡状態という概念だけで充分であろうか．均衡状態でも，偶然性や外乱によって少々均衡状態からずれたとき，再び均衡状態に戻ってくるタイプと，少しでも均衡状態から外れるとどんどん均衡状態からずれていってしまうタイプがある．前者を「安定」，後者を「不安定」という．つまり，均衡状態にも安定均衡状態と不安定均衡状態がある．

ある住宅地の人口密度を考えてみよう．都心からの距離や利便性，環境の良さの割りには人口が少ない段階では，その魅力に引きつけられて他の地域から移り住む人がいて，人口は次第に増加する．しかし，ある人口密度を越えると，残された宅地は減少し地価も増加し，ときには過密人口により環境悪化も生じてくる．したがって，ある人口密度より低いときは人口密度は上昇し，その人口密度よりも高いときには人口密度は低下するので，人口は安定な人口密度に収斂する．こうしたケースでは人口密度は安定均衡状態に近づいていく．こうして，安定均衡であれば，そうした状態が成立しやすいということで，安定均衡状態というのは都市計画で重要な概念であり，理論的にも均衡値の存在と同時にその安定性が議論されてきた．

1.2.3 確率的均衡

安定均衡が，都市の変化を語るときに重要な概念であることを述べたが，先に述べたように，ミクロレベルとマクロレベルのふたつの水準で都市を認識しようというわれわれのアプローチのためには，安定均衡概念だけでは不充分である．ミクロレベルでの自由な住民の行動・選択は，各人の好みや価値意識の

違いによって，同じ状況下でも異なった選択行動がなされる可能性がある．各人の行動の中に計り知れない不確定要因が介在しており，確定論的に捉えることが困難になる．この結果，各人の選択行動の結果生じる都市の状態も，確率的な変化として把握せざるをえなくなる．

そこで，都市の状態だけを考えるのではなく，その状態が生起する確率を考える必要がある．都市の可能な状態のそれぞれに定まる生起確率の分布で，都市の状況を把握することになる．確定論的モデルで時間経過に伴い都市状態が変化したように，確率論的都市モデルでは，都市状態の生起確率分布が時間に伴い変化する．

この都市状態の生起確率分布が変化しない状況が，確率的均衡状態である．この確率的均衡状態では，都市の状態が変化しないというわけではない．都市全体で見たときのさまざまな状態の生起確率が一定であることを意味しているが，ミクロに見ると変化しているのである．これは，気体の分子運動と温度の関係に類似している．気体の分子運動量の平均値が一定の場合，その温度は一定であるが，個々の分子は気体中をさまざまな速度で飛び回っている．ちょうど，分子に相当する各人の選択行動がミクロレベルの記述であり，温度という統計量に相当するのが都市状態の確率分布というマクロレベルの記述である．この確率的均衡概念は，以下の章の中で正確な定義が与えられる．

注
1) ここでの定常性，均衡状態，安定性，確率的均衡の概念を都市問題に関連して易しく解説したものとして，文献18) 31) がある．

第2章　都市変容の確率論的モデル

本章では，ミクロなレベルでは，都市住民は自分の所有する敷地の用途を自由に決定するプロセスを定式化するとともに，その結果，都市全体の土地利用パターンが変化する様子を確率論的に記述する．

ミクロレベルでの各人の自由な選択行動の結果，都市の土地利用パターンは確率的安定均衡状態に収斂する確率過程であり，土地利用の相対的効用の総和が大きい状態ほど生起確率が大きい状態に収斂することが明らかとなる．

2.1　個人の土地利用用途選択行動

2.1.1　都市内の敷地とその土地利用用途

実際の都市では，敷地単位で各種の土地利用がなされている．ある土地は住宅用地として，またある土地は商業用地となっている．

そこで，都市内の各敷地を区別するために，1〜n の自然数を与え，都市内の敷地の集合を 1〜n の自然数の集合 N で表すことにする．各敷地の所有者が都市の住民であり，1〜n の自然数は敷地を表すと同時にその所有者である住民を表している．また，各敷地を以下では地点と呼ぶこともある．

各地点 i での土地利用状態を表すために，カテゴリー変量 x_i を導入する．当面の議論では，数学的な展開を容易にするために，土地利用の用途は2種類しかない場合を考え，カテゴリー変量 x_i の値は 1 もしくは -1 しかとらないもの

とする．

　この単純化は，本質的でなく容易にカテゴリー変量の値域を一般化することは後の章で示されるように可能である．ただ，一般化した場合は数学的表現が極めて煩雑になる．

　以上の記述方式のもとで，都市全体の状態は，各地点の状態を表すx_iを要素とするベクトルで以下のように記述できる．

$$x = (x_1, x_2, \cdots, x_i, \cdots, x_n)$$
$$\text{where } x_i \in \{-1, 1\} \text{ for all } i \tag{2.1}$$

2.1.2　土地利用から得られる効用

　都市住民は自分の所有地の用途を自由に決定し，自分の利益を最大化するようにする．

　土地利用用途を用途1としたときに得られる効用と用途−1としたときの効用の大小を比較して大きな利益となるほうを選択するであろう．しかし，この利益は，もちろん所有地の用途に依存するが，周辺の土地利用状況にも依存する．例えば，郊外住宅地の日常品を扱う小売店舗を経営しようとしたとき，周辺宅地の整備が進み住民が増えれば売り上げの増大が期待できるが，近くに大型スーパーマーケットが立地してくれば収益減少を余儀なくされる．また，所有地を住宅地としようとする場合でも周辺の環境や利便性によって住宅地の持つ効用は左右する．周辺といってもどこまでが影響範囲かは土地利用用途の種類によっても異なってくるので，各利益は，一般的には（2.1）式の都市の状態xの関数ということになる．したがって，地点iの土地利用用途を用途1としたときに得られる効用と用途−1としたときの効用はそれぞれ，$d_i^+(x)$, $d_i^-(x)$と表すことができよう．この効用$d_i^+(x)$, $d_i^-(x)$は，周辺土地利用用途が決まれば，地点iにおけるそれぞれの土地利用用途で得られる利益が確定的に決まると考えているので，いわば，それぞれの土地利用を選択したときに得られる効用の客観的評価値といえるだろう．

しかし，現実の都市での変化をみれば，各人はこの客観的評価値に基づいて判断しているわけではないことが分かる．客観的には同一の条件下にあっても異なる用途が選択されることがあるからである．個人は当然，自分の好みや価値意識を持っており客観的評価とは異なる判断を下している．そこで，各人の価値意識の違いを表現する工夫が必要である．客観的評価値$d_i^+(x)$, $d_i^-(x)$とのずれをεで表してみる．本人にとっては，このずれが分かっていたとしても，他人が知るよしもない．他人からみたら，確定できないずれが加わっているとしか思えない．つまり，個人iの判断は，客観的な対場からは，確定的な値$d_i^+(x)$, $d_i^-(x)$に，不確定な変量εを加えて，評価しているように思える．

以上の考察から，個人iは，用途1を選択したときの個人的な好みを含めた効用を以下のように判断しているといえよう．

$$U_i^+(x)=d_i^+(x)+\varepsilon \tag{2.2a}$$

ここにεは不確定な影響を表す確率変量である．したがって，上式左辺の$U_i^+(x)$も確率変量であり，以下，「確率効用」と呼ぶことにしよう．同様に，個人iによる用途-1を選択したときの個人的な好みを含めた効用は

$$U_i^-(x)=d_i^-(x)+\varepsilon \tag{2.2b}$$

と記述できる．

結局，各敷地の所有者は，(2.2a)で表す用途1を選択したときの確率効用と(2.2b)で表す用途-1を選択したときの確率効用の大小で判断し，前者が大きければ用途1を選択し，後者が大きければ用途-1を選択することになる．

不確定要因を表す確率変量については，後の数学的な展開を明確で単純にするためと，これまでの都市モデルでも仮定として用いられ具体的データに適合することが多い次の仮定を導入することにする．

仮定1：確率変量εはガンベルに従う．すなわち，確率変量εの確率分布は以下の確率密度関数で与えることができる．

$$f(\varepsilon)=\exp[-\varepsilon-\exp(-\varepsilon)] \tag{2.3}$$

この仮定のもとで，土地利用用途1の確率効用が用途−1の確率効用を上回る確率 $\text{Prob}[U_i^+(x) > U_i^-(x)]$ および土地利用用途−1の確率効用が用途1の確率効用を上回る確率 $\text{Prob}[U_i^-(x) > U_i^+(x)]$ が，ロジットモデルを導出する際と同様の論法により，得ることができ，次式の結果を得る．詳しい導出は付録A1を参照されたい．

$$\text{Prob}[U_i^+(x) > U_i^-(x)] = \frac{1}{1+\exp[-d_i(x)]} \tag{2.4a}$$

$$\text{Prob}[U_i^+(x) < U_i^-(x)] = \frac{1}{1+\exp[d_i(x)]} \tag{2.4b}$$

ただし，$d_i(x) = d_i^+(x) - d_i^-(x)$ \hfill (2.4c)

2.1.3 土地利用用途の変化

都市の状態が時間とともに変化する様子を記述するために，先に述べた各地点の土地利用用途 x_i を時刻 t の関数として $x_i(t)$ と表し，都市全体の状態を表すベクトル x も $x(t)$ と表すことにする．

また，都市の中の各地点のうち土地利用用途が変化をする地点が高々ひとつしかないような微小時間間隔を dt とする．この dt の時間に，各地点の土地利用用途がどのように変化するかについて考える．先の確率効用の概念を用いれば，地点 i が土地利用用途−1から1に変化する確率を考えよう．これは，まず，n 個の敷地の中で土地利用用途が変化するかもしれない地点 i が選ばれる事象で，かつ現在の用途の確率効用よりも土地利用用途を変更したときの確率効用の方が大きいという事象が生じる場合である．前者の事象は，どの土地も特別な差異があるわけではないので，$1/n$ の確率で生じる．後者は，土地利用用途−1から用途1に変化する場合は，土地利用用途1の確率効用が用途−1の確率効用を上回る確率 $\text{Prob}[U_i^+(x) > U_i^-(x)]$ で生じる．したがって，地点 i が土地利用用途−1から1に変化する確率は以下のようになる．

$$\text{Prob}[X_i(t+dt)=1|X_i(t)=-1]=\frac{1}{n}\text{Prob}[U_i^+(x)>U_i^-(x)] \qquad (2.5a)$$

同様に,地点 i が土地利用用途 1 から 0 に変化する確率は

$$\text{Prob}[X_i(t+dt)=-1|X_i(t)=1]=\frac{1}{n}\text{Prob}[U_i^+(x)<U_i^-(x)] \qquad (2.5b)$$

となる.以上の議論は,次の仮定をしたことになる.

仮定 2:充分短い時間間隔 dt の中で土地利用用途が変化する地点は高々ひとつであり,地点 i の土地利用用途が変化する確率は (2.5) で与えられる.

さて,(2.5) 式に,(2.4) 式の結果を代入すれば,敷地 i の土地利用の変化は,次式で表すことができる

$$\text{Prob}[X_i(t+dt)=1|X_i(t)=-1]=\frac{1}{n}\frac{1}{1+\exp[-d_i(x)]} \qquad (2.6a)$$

$$\text{Prob}[X_i(t+dt)=-1|X_i(t)=1]=\frac{1}{n}\frac{1}{1+\exp[d_i(x)]} \qquad (2.6b)$$

2.1.4 効用の線形性

ここで,効用の客観的評価値 $d_i^+(x), d_i^-(x)$,すなわち選択した用途が 1 および -1 のときに得られる利益について,若干考察しておくことにする.実際には,これらは変数 $x_1, x_2, \cdots, x_n$ の複雑な関数となるが,重回帰モデルがそうであるように,それぞれの地点 j からの影響の線形和と近似されることが多い.そこで,

$$d_i^+(x)=a_i+\sum_{j=1}^{n}a_{ij}x_j \qquad (2.7a)$$

$$d_i^-(x)=b_i+\sum_{j=1}^{n}b_{ij}x_j \qquad (2.7b)$$

と近似可能な場合を，効用関数が『線形性』を有すると言うことにする．(2.7a)式は，敷地iの用途を1とする場合には，敷地i自身からa_iの効用が得られ，同時に周辺敷地jの用途x_jに従って$a_{ij}x_j$の効用が得られることを意味する．同様に，(2.7b)式は，用途を-1とする場合には，敷地i自身からb_iの効用が得られ，周辺敷地jの用途x_jに従って$b_{ij}x_j$の効用が得られることを意味する．

さらに，効用関数が線形性を有しているとき，一般に，地点jから地点iへの影響の度合いa_{ij}，b_{ij}は，両地点からの距離の関数となることが多い．つまり，地点iと地点jとの距離をL_{ij}と表すと，

$$a_{ij}=g(L_{ij}),\ b_{ij}=h(L_{ij}) \tag{2.8}$$

のように距離L_{ij}の関数と表されることがある．この場合には，距離の対称性から，

$$a_{ij}=g(L_{ij})=g(L_{ji})=a_{ji} \tag{2.9a}$$
$$b_{ij}=h(L_{ij})=h(L_{ji})=b_{ji} \tag{2.9b}$$

となる．上式が成立しているとき，効用関数は『(線形)対称性』を有すると言うことにする．

また，地点iの状態がダイナミックに変化する場合，未利用地の周辺が開発されたことにより突然店舗が出現するように，それまでの地点iの状態がどうであったかよりも，周囲の地点の状態からの影響が圧倒的に大きい．こうした状況では，地点i自身からの影響a_{ii}，b_{ii}は無視しうるほど小さいと考えられる．そこで，

$$a_{ii}=0,\ b_{ii}=0 \tag{2.10}$$

が成立する場合，効用は『強外部性』を有すると言うことにする．

2.2 都市の状態変化

2.2.1 都市の状態とその変化

都市住民が各自が得られる効用を最大化すべく自分の所有地の土地利用用途を自由に選択し，その結果として，各敷地の用途は (2.6) 式にしたがって確率的に変化する．この各敷地の変化というミクロな現象を，都市全体というマクロな現象として理解するというのが，本節の課題である．

都市全体の状態 x の変化を確率的に捉えるということは，各状態 x の出現確率の変化を捉えるということである．つまり，都市全体の状態 x は n 個の地点が -1，1 の状態をとることから，都市全体の状態 x は 2^n の状態があるので，2^n の状態の上で定義される確率分布関数を調べることになる．

数学的な記述の簡便性から，次の『状態 x の近傍』という概念を定義する．ベクトル x の i 番目の要素を 1 であれば -1，-1 であれば 1 に反転させたベクトルを

$$x[i] = (x_1, x_2, \cdots, x_{i-1}, -x_i, x_{i+1}, \cdots, x_n) \tag{2.11}$$

と表し，状態 x の近傍 $D(x)$ を以下のように定義する．

$$D(x) = \{y \mid y = x, \text{ or } y = x[i], i = 1 \sim n\} \tag{2.12}$$

つまり，状態 x の近傍 $D(x)$ というのは，その状態 x 自身かひとつの敷地の用途だけが異なっている状態 $x[i]$ のことである．

この近傍 $D(x)$ を用いると，前述の「時間間隔 dt の中では，状態変化が生じる地点は高々ひとつである」という仮定 2 の前半部分は，

$$\text{Prob}[X(t+dt) = y \text{ for } y \notin D(x) \mid X = x(t)] = 0 \tag{2.13}$$

と明確に表現できる．つまり，短い時間間隔 dt の中では，状態 x からその近傍 $D(x)$ 以外へは移ることはない．したがって，状態 x から dt の時間範囲で移れる状態は状態 x の近傍 $D(x)$ の要素となる状態に限定できるので，時刻 t で状態 x であったものが時刻 $t+dt$ で状態 $x[i]$ となる確率 $p(x(t), x[i](t+dt))$ を

求めておけば，都市全体の確率的挙動が明確になる．

そこで，(2.4) 式の結果を用いて，以下のように x_i の値による場合ごとに，確率 $p(x(t), x[i](t+dt))$ を求める．

① $x_i(t) = -1$ であるとき，

求める確率は $X_i(t+dt) = 1$ となる確率であるので，以下のように表現できる．

$$p(x, x[i]) = \text{Prob}[X(t+dt) = x[i] | X(t) = x]$$

$$= \frac{1}{n\{1 + \exp[-d_i(x)]\}}$$

$$= \frac{1}{n\{1 + \exp[x_i d_i(x)]\}} \tag{2.14a}$$

② $x_i(t) = 1$ であるとき，

求める確率は $X_i(t+dt) = -1$ となる確率であるので，以下のように表現できる．

$$p(x, x[i]) = \frac{1}{n\{1 + \exp[d_i(x)]\}} = \frac{1}{n\{1 + \exp[x_i d_i(x)]\}} \tag{2.14b}$$

上記の結果から，いずれの場合でも，

$$p(x, x[i]) = \frac{1}{n\{1 + \exp[x_i d_i(x)]\}} \tag{2.15}$$

が成立していることが分かる．

以上の結果を整理すると，以下のようになる．

$$\text{Prob}[X(t+dt) = y | X(t) = x]$$
$$= p(x, y) \quad \text{if } y = x[i], \ i = 1 \sim n,$$
$$= 0 \quad \text{if } y \notin D(x),$$
$$= 1 - \sum_{x \neq y} p(x, y) \text{ if } y = x. \tag{2.16}$$

ただし上記の Σ は y 以外の x についての総和を表す．

ここで，都市の状態の数は $K=2^n$ 個あるが，これを適当に番号づけし，状態 x の番号を $N(x)$ で表す．そこで $N(x)$ 番目の要素が以下の式で定義される長さ K のベクトルを都市状態の確率分布ベクトルと呼ぶ．

$$p=(p_1, p_2, \cdots p_K) \tag{2.17a}$$
$$where\ p_{N(x)}=\text{Prob}[X(t)=x] \tag{2.17b}$$

さらに，$N(x)$, $N(y)$ 要素が以下の式で定義される $K \times K$ の行列 P を都市状態の推移行列と呼ぶ．

$$P_{N(x),\ N(y)}=\text{Prob}[X(t+dt)=y|X(t)=x] \tag{2.18}$$

この推移行列 P と，都市状態確率分布ベクトルを用いると，都市の状態の確率的挙動は確率の定義から以下の式を満足することが分かる．

$$p(t+dt)=p(t)P \tag{2.19}$$

上式により，都市の状態の確率的挙動は行列 P の性質に依存することが分かる．つまり，われわれのモデルは一種のマルコフモデルであり，この行列の要素は (2.18) 式で定義されていたこと，また，それらは (2.16) 式で具体的に定義されていたこと，さらに，(2.16) 式中の $p(x, y)$ は (2.15) 式で定まることから，結局，(2.15) 式の性質が，都市の状態の確率的挙動を決定づけていることが分かる．

そこで，この都市の状態の確率的挙動を明確にするため，都市状態 x の集合から実数への写像で以下の性質を満足する E 関数と呼ぶ関数を定義しておく．

$$E(x[i])-E(x)=x_i d_i(x)/\beta \tag{2.20}$$

ただし β は正定数

上式を満足する E 関数が存在しているかどうかは，この段階では明らかでないが，後にみるように，そうした関数を見いだすことが多くの場合に可能である．当面，E 関数が存在していると想定して議論を進める．このとき，状態 x から $x[i]$ への推移確率 $p(x, x[i])$ は以下のように表すことができる．

$$p(x, x[i])=\frac{1}{n\{1+\exp[\beta(E(x[i])-E(x))]\}} \tag{2.21}$$

2.2.2 均衡分布

これまでに定式化した概念を用いて,本研究の主要な関心事である都市の確率的均衡概念が正確に記述できる.まず,ある状態 x の確率 $p(x)$ が以下の条件を満足しているとき,状態 x は確率的に釣り合っていると呼ぶ.

$$p(x)p(x, x[i]) = p(x[i])p(x[i], x) \tag{2.22}$$

この左辺は状態 x から状態 $x[i]$ へ移る確率であり,右辺は状態 $x[i]$ から状態 x へ移る確率であり,これらが等しいことを意味している.すべての状態 x が確率的に釣り合っているとき,都市は確率的に均衡していると呼び,次のベクトルを均衡確率ベクトルと呼ぶ.

$$q = (q_1, q_2, \cdots, q_K) \tag{2.23a}$$

ただし,各要素は以下の釣り合い条件を満足する.

$$q_{N(x)}p(x, x[i]) = q_{N(x[i])}p(x[i], x) \tag{2.23b}$$

この『均衡』と呼ぶことの妥当性を示す次の命題が成立している.

命題1:均衡確率ベクトルは次式を満足している.

$$q = qP \tag{2.24}$$

証明:ある $k = N(y)$ となる状態 y に注目すると,qP の k 番目の要素 θ_k は,

$$\theta_k = \sum_x q_{N(x)} p(x, y)$$

となる.状態 x から推移可能なものは x 自身と $x[i]$ のみであることから,

$$\theta_k = \sum_i q_{N(y[i])} p(y[i], y) + q_{N(y)} p(y, y)$$

であり,釣り合い条件を満足していることから,

$$\theta_k = \sum_i q_{N(y)} p(y, y[i]) + q_{N(y)} p(y, y)$$

$$= q_{N(y)} \left[\sum_i p(y, y[i]) + p(y, y) \right]$$

上記の [ ] 内は状態 y から移りうるものすべての確率の和であるので 1 となっている. つまり,

$\theta_k = q_{N(y)} = q_k$

すなわち,

$qP = q$

となっている.

このような都市の確率的均衡が成立する可能性，つまり均衡確率ベクトルの存在の可能性については，以下の命題が条件付きながら保証している.

命題 2：E 関数が存在しているとき，均衡確率ベクトルは存在し，各状態の確率分布は以下の式で与えられる.

$$q(x) = \frac{\exp[-\beta E(x)]}{Z} \qquad (2.25a)$$

$$\text{where} \quad Z = \sum_x \exp[-\beta E(x)] \qquad (2.25b)$$

証明： E 関数を用いて $p(x, x[i])$ を表すと，

$$q(x)p(x, x[i]) = \frac{\exp[-\beta E(x)]}{Z} \frac{1}{n\{1 + \exp[\beta(E(x[i]) - E(x))]\}}$$
$$= \frac{1}{nZ\{\exp[\beta E(x)] + \exp[\beta E(x[i])]\}}$$

となり，一方，

$$q(x[i])p(x[i], x) = \frac{\exp[-\beta E(x[i])]}{Z} \frac{1}{n\{1 + \exp[\beta(E(x) - E(x[i]))]\}}$$
$$= \frac{1}{nZ\{\exp[\beta E(x)] + \exp[\beta E(x[i])]\}}$$

となるので，釣り合い条件を満足している．したがって先の命題より，$q(x)$ を要素とする均衡確率ベクトルが存在する.

以上の結果，E関数の存在が重要なポイントであることが分かる．

2.2.3 均衡分布への収束性

前項の検討の結果，E関数の存在という条件付きながら，均衡確率ベクトルが存在することが分かったが，この均衡分布へと収束するとは限らないので，以下，収束性について検討する．これは有名なエルゴード定理によって，「行列Pが既約で非周期的であるマルコフ連鎖は唯一の均衡状態へ収束する」ことが保証されるので，行列Pが既約かつ非周期的であることを示すことで，均衡分布への収束性が保証できる．

ここでも，E関数の存在を仮定すると，以下の命題が証明できる．その証明は付録A2を参照されたい．

命題3：E関数が存在するならば，任意の初期確率分布pについて，十分な時間経過のもとで，先の(2.25)式の均衡分布qに収束する．

以上の結果，ミクロレベルで，各人が自由に自分の価値意識に基づいて評価した自己の得る効用を最大化する選択をした結果，マクロレベルでみた都市全体の状態は確率論的な意味で均衡した状態に収斂していくことが分かる．ただし，これは，「E関数が存在するならば」という条件のもとで言えることである．

2.3 都市状態の確率的安定均衡と都市の活性

2.3.1 E関数の存在と構成

前述までは，より一般的に確率的安定均衡について検討してきたが，ここでは，ある種の状況では確実に確率的安定均衡が成立しうることを示すととも

に，数学的な都合で導入した E 関数が都市状態（たとえば土地利用の分布状態）の活性度もしくはサスティナブルな状態からの遠さを表す関数と解釈できることを示す．

先にのべたように，効用の客観的評価値を表す確定的効用関数 $d_i^+(x)$, $d_i^-(x)$, すなわち選択した用途が 1 および−1 のときに得られる利益が，線形関数で近似可能な場合は多い．さらに，多の敷地からの影響が距離に伴い減少するようなケースも多い．この場合には，確定的効用関数は対称性を有する．また，周囲の地点の状態からの影響が大きい場合には，確定的効用関数は強外部性を有する．

確定的効用関数が，線形性，対称性，強外部性を有している場合には，以下の命題が成立し，E 関数が存在することが保証される．

命題 4：確定的効用関数が，線形対称性，強外部性を有しているとき，すなわち，

$$d_i^+(x) = a_i + \sum_{j=1}^{n} a_{ij} x_j \tag{2.7a}$$

$$d_i^-(x) = b_i + \sum_{j=1}^{n} b_{ij} x_j \tag{2.7b}$$

$$a_{ij} = a_{ji}, \quad b_{ij} = b_{ji} \tag{2.9}$$

$$a_{ii} = 0, \quad b_{ii} = 0 \tag{2.10}$$

ならば，E 関数が存在し次式で与えられる．

$$\beta E(x) = -\sum_{i=1}^{n} c_i x_i - \sum_{i=1}^{n} \sum_{j=1}^{n} c_{ij} x_i x_j \tag{2.26}$$

$$\text{where} \quad c_i = \frac{a_i - b_i}{2}, \quad c_{ij} = \frac{a_{ij} - b_{ij}}{4} \tag{2.27}$$

証明：まず，

$$-\beta E(x) = \sum_{k \neq i} c_k x_k + \sum_{k \neq i}\sum_{j \neq i} c_{kj} x_k x_j$$
$$+ c_i x_i + \sum_{k \neq i} c_{ki} x_k x_i + \sum_{j \neq i} c_{ij} x_i x_j + c_{ii} x_i x_i$$

$$\beta E(x[i]) = -\sum_{k \neq i} c_k x_k - \sum_{k \neq i}\sum_{j \neq i} c_{kj} x_k x_j$$
$$+ c_i x_i + \sum_{k \neq i} c_{ki} x_k x_i + \sum_{j \neq i} c_{ij} x_i x_j - c_{ii} x_i x_i$$

と表記できることから,

$$\beta\{E(x[i]) - E(x)\} = 2c_i x_i + 2\sum_{k \neq i} c_{ki} x_k x_i + 2\sum_{j \neq i} c_{ij} x_i x_j$$

であり,対称性 (2.9) および定義式 (2.27) より,

$$\sum_{k \neq i} c_{ki} x_k = \sum_{j \neq i} c_{ji} x_j = \sum_{j \neq i} c_{ij} x_j$$

なので,

$$\beta\{E(x[i]) - E(x)\} = x_i\left\{2c_i + 4\sum_{j \neq i} c_{ij} x_j\right\}$$

となる.また, (2.10) 式より,

$$c_{ii} = \frac{a_{ii} - b_{ii}}{4} = 0$$

であることから,

$$\beta\{E(x[i]) - E(x)\} = x_i\left\{2c_i + 4\sum_{j=1}^{n} c_{ij} x_j\right\}$$

となる.上式を (2.27), (2.7) 式および (2.4c) 式を用いて書き直せば,

$$\beta\{E(x[i]) - E(x)\} = x_i\left((a_i - b_i) + \sum_{j=1}^{n} (a_{ij} - b_{ij}) x_j\right)$$

$$= x_i(d_i^+(x) - d_i^-(x))$$
$$= x_i d_i(x) \tag{2.28}$$

となる．これは，E 関数の定義式そのものである．

2.3.2 E 関数の意味

命題 2 から命題 4 までの結果により，確定論的効用関数が，線形対称性，強外部性を有しているとき，都市の状態は確率的な均衡状態に収束することが分かる．

ところで，収束した均衡確率ベクトルは，(2.25) 式より与えられるので，収束状態では，$E(x)$ の値の大きい状態 x ほど，その存在確率 $q(x)$ の値は小さいことが分かる．逆に言えば，存在確率 $q(x)$ の大きい状態は $\beta E(x)$ の値の小さいものであると言える．パラメータ β の意味は次章で考察することとし，β が正で一定と考えた場合には，この事実より E 関数の値が大きいことは，均衡状態から遠い，すなわち，都市は活性状態にあることを意味している．別の視点からは，確率的変動が充分経過した後には，$-\beta E(x)$ の指数に比例した確率分布に収斂してゆくことを意味しており，収束状態で，その存在確率が大きいということは，持続的安定の可能性を表していると見ることができるので，$-E(x)$ が，状態 x の持続安定に関する適切性と解釈することも可能である．以上のことから，E 関数は力学におけるエネルギーのように，都市の状態の活性度を表していると見ることができると同時に（符号を変えれば）都市の状態の持続可能性を表す尺度にもなっていると考えることができる．

また，E 関数を構成するパラメータ c_{ij} は前項の命題 4 での構成過程から分かるように，2 地点間の影響の度合いを表しており，(2.8)，(2.9) 式で示したように一般的には 2 地点間の距離に依存したパラメータであり，値が正のときには 2 地点が同一の土地利用となったほうが E 関数の値を小さくし異なる土地利用のときには E 関数が大きくなる．したがって，均衡状態での成立のしやすさを考えるとパラメータ c_{ij} が正の時には 2 地点の土地利用は同一になりやすいこ

とを意味する．逆にこのパラメータが負の場合は，2地点の土地利用は異なりやすい．一方，パラメータ c_i は地点 i の土地利用が1となりやすくなる場所固有のインセンティヴを表しており，その場所の地理的要件やその場所に都市計画等で人口的に与えられた優遇措置や規制により決まってくる量である．

以上の一般論的な議論は分かりにくいが，確定論的効用関数が，線形対称性，強外部性を有している場合として，命題4の中で構成されたE関数について，具体的に考えてみると，その意味がいっそう明確になる．

確定論的効用関数が線形性を有するとき，つまり，(2.7) 式が成立しているとき，

$$x_i(a_i-b_i)=a_i-b_i \quad for\ x_i=1$$
$$=b_i-a_i \quad for\ x_i=-1$$

であることから，$x_i(a_i-b_i)$ は，敷地 i の所有者が用途を x_i としたときに敷地 i 自身から得られる効用から，別の用途を選んだとしたときに得られる効用の差を表している．したがって，これは敷地 i の用途を x_i としたときの相対的な効用とみなすことができる．同様に，

$$x_i\left\{\sum_{j=1}^{n} a_{ij}x_j - \sum_{j=1}^{n} b_{ij}x_j\right\} = \sum_{j=1}^{n}(a_{ij}-b_{ij})x_ix_j$$

は，敷地 i の所有者が用途を x_i としたときに周辺敷地 j の用途 x_j に従って得られる相対的効用とみなすことができる．以上の敷地 i の用途を x_i としたときの相対的効用のすべての敷地についての総和を考えてみる．周辺敷地 j の用途 x_j に従って得られる相対的効用部分に関してはダブルカウントになることに注意して，相対的効用の総和は，以下のようになる．

$$Q=\sum_{i=1}^{n}(a_i-b_i)x_i + \frac{1}{2}\sum_{i=1}^{n}\sum_{j=1}^{n}(a_{ij}-b_{ij})x_ix_j \qquad (2.29)$$

ここで (2.26) (2.27) 式で定義された E 関数と (2.29) 式を比較すると，

$$E(x) = -\frac{Q}{2\beta} = -\frac{1}{\beta}\left\{\sum_{i=1}^{n}c_i x_i + \sum_{i=1}^{n}\sum_{j=1}^{n}c_{ij}x_i x_j\right\} \quad (2.30)$$

という関係になっていることが分かる．つまり，パラメータβは正であるので，E関数は，相対的効用の総和に負の定数を乗じたものに等しい．

一方，安定均衡状態の生起確率を表す(2.25a)は，$-\beta E(x)$が大きいほど大きくなることを表している．したがって，(2.30)式から，相対的効用の総和Qが大きいほど安定均衡状態の生起確率が大きくなることになる．つまり，各人が自由に自己の利益を増大させようとした結果，都市全体の土地利用は，効用総和が最大の状態が一番高い確率で起こるというのである．もちろん，効用総和が大きいということだけが，土地利用の良さの尺度とは言えない．しかし，各敷地の所有者が各自の効用の増大だけを考えて自由に用途を決定した結果である均衡状態は，望ましい状態の基本要件を満たしており，各人の自由な決定が混乱を導くというわけではないことがわかる．

なお，パラメータβの意味については，次章で検討する．

2.3.3 都市状態のインセンティブ誘導

日本における都市計画の基本原理は，敷地ごとに選択可能な用途を指定し，それ以外の用途は禁止するという，用途指定の制度が貫かれている．一方，本研究で前提としている都市モデルでは，各人が自由に自己の利益を増大させようといとすることを前提としている．規制のない都市計画が可能なのであろうかという疑問もありうる．

都市には地理的にある用途に向いている敷地もあれば，他の選択にくらべ効用が高くなるよう補助金を給付し，ある用途になるよう誘導する可能性がある．この誘導型の土地利用コントロールの可能性について数値実験を通じて考えてみよう．補助金などの優遇措置をインセンティブと呼ぶことにしよう．

そこで，確率論的都市モデルで，図2-1に示すように十字形の場所の敷地にのみ用途が1になるようなインセンティブ$c_i=1$を与え，それ以外には$c_i=0$と

しておく．これは，十字形の場所にのみ用途を1とすることが土地の固有の特性で有利であったり，用途1とすると優遇措置を適用することを意味している．

このインセンティブ誘導状態で，ランダムな土地利用状態を初期状態から，各敷地の所有者が自己の利益が増大するように決定する確率過程をシミュレーションしたものが図2-2である．徐々に，インセンティブを与えた場所が用途1になっていくことがわかる．結果としてインセンティブの形状と同じ形の用途1のゾーンが形成される．

図2-1　土地利用誘導のためのインセンティブパターン

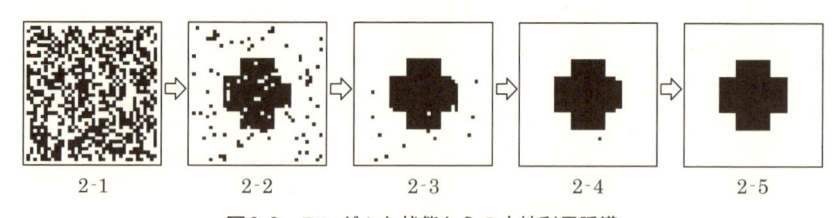

図2-2　ランダムな状態からの土地利用誘導

数値実験の範囲では，インセンティブ誘導で，意図した用途パターンが形成可能であることが分かる．

しかし，与えられた土地利用パターンが達成できたあと，まったく変化しないわけではない．ときどき十字形の一部がかけるという「ゆらぎ」があるのである．しかし，数値実験の例では，ゆらぎは不安定で直ぐに元に戻る．

第3章 都市形態の基本変量

本章では，都市状態の確率的変化を記述する確率論的都市モデルにおいて，基本的な変量であるE関数の性質を明らかにするとともに，統計物理学と確率論的都市モデルとの類似性を意図的に活用し，エントロピー，自由エネルギーに対応したE-エントロピー，F関数という概念を導入し，これらの概念が都市状態の確率的変化を解明するに有効であることを論じる．

3.1 都市形態を表すマクロレベルでの量

前章では，もっとも基本的なモデルとして確率論的都市モデルを構築した．確率的な変化をするため，若干わかりにくい．通常，確率現象を理解するとき，平均値や標準偏差といった統計量を用いると理解しやすくなる．そこで，少々まわり道のようにも見えるが着実に確率論的都市モデルを理解するために，本章では，有用な統計量について検討しておく．その検討を通じて，統計物理学との類似性が見えてくることになり，本研究の進め方の多くの指針を統計物理学から学ぶことができる．

さて，確率論的都市モデルでは，適切な条件のもとで，都市状態によって決まるE関数と呼ぶ関数 $E(x)$ が存在して，確率的な意味での均衡状態に収斂する．均衡状態では，都市状態 x が成立する確率 $p(x)$ は，以下のようになることも示された．

$$p(x) = \frac{\exp[-\beta E(x)]}{Z} \quad (2.25a)$$

$$\text{where} \quad Z = \sum_x \exp[-\beta E(x)] \quad (2.25b)$$

確率 $p(x)$ は，E 関数の値が決まれば確定するので，均衡状態付近での都市状態の振る舞いは，本質的に E 関数の値に依存している．上式中の β および Z は正の量であることから，前章でも論じたように，E 関数は安定均衡状態からの遠さ，つまり状態 x の活性度を表しており，また符合を逆にすれば，都市の均衡状態としての適切性（小さいほど適切）を表している変量と考えることができる．これらの事実から，E 関数は都市状態を記述する基本変量であることが分かる．

また，上記（2.25）式は統計物理学の表式と類似していることから確率論的都市モデルと統計物理学との類似性を意図的に活用することも考えられる．

本章では，E 関数の性質を明らかにするとともに，統計物理学におけるエントロピー，自由エネルギーに対応した基本的変量を導出し，その意味と性質を調べる．

3.2 E 関数の統計量としての性質

3.2.1 基本統計量

確率的に変動するシステムを，より単純に記述するために，統計量を用いることが多い．系の全体の（平均的な）様子を記述するものとして期待値が用いられる．そのうち，もっとも頻繁に活用されるのが平均値である．つまり，確率変数 X の期待値 $\overline{X}$ は，

$$\overline{X} = \sum_i X_i p_i \quad (3.1a)$$

ここに，確率変数が X_i となる確率を p_i とする
また，確率変数が連続量の場合は上記の和は積分で次のように表現される．

$$\bar{X} = \int_X X p(X) dX \tag{3.1b}$$

これらの期待値演算は，

$$\bar{X} = \langle X \rangle \tag{3.1c}$$

と表記することもある．

平均について使用される統計量として分散がある．それは，確率変数のばらつきを表現する量で，変数 X の分散 σ^2 は平均 $\bar{X}$ からの差の自乗の期待値として，以下のように定義される．

$$\sigma^2(X) = \langle (X - \bar{X})^2 \rangle \tag{3.2a}$$

この定義からわかるように分散は非負の量である．0となるのはまったくばらつきがない場合であり，本研究で扱う確率変数では，原則分散は正の量と考えてよい．

さらに，この式は，以下のように書き直すこともできる．

$$\sigma^2(X) = \langle X^2 \rangle - \langle X \rangle^2 \tag{3.2b}$$

3.2.2 都市状態の平均と分散

前章で得られた，確率的均衡状態での都市状態 x が成立する確率，(2.25a)，(2.25b) を用いると，E関数の値の平均 $\bar{E}$ と分散 $\sigma^2(E)$ を求めることができる．

$$\bar{E} = \sum_x E(x) p(x) = \frac{1}{Z} \sum_x E(x) \exp[-\beta E(x)]$$
$$= -\frac{1}{Z} \frac{\partial Z}{\partial \beta} \tag{3.3a}$$

もしくは，以下のように表すこともできる．

$$\bar{E} = -\frac{\partial}{\partial \beta} \log Z \tag{3.3b}$$

また，分散については，(3.2b) 式より，

$$\sigma^2(E) = \frac{1}{Z}\sum_{x} E^2(x)\exp[-\beta E(x)] - \left(\frac{1}{Z}\sum_{x} E(x)\exp[-\beta E(x)]\right)^2 \tag{3.4}$$

である．

3.2.3 Ｅ関数の平均とパラメータβの関係

一方，上記の (3.3a) 式を用いると，

$$\frac{\partial \bar{E}}{\partial \beta} = \frac{1}{Z^2}\left(\frac{\partial Z}{\partial \beta}\right)^2 - \frac{1}{Z}\frac{\partial^2 Z}{\partial \beta^2}$$

$$= \langle E \rangle^2 - \frac{1}{Z}\sum_{x} E^2(x)\exp[-\beta E(x)] \tag{3.5a}$$

$$= \langle E \rangle^2 - \langle E^2 \rangle$$

が得られる．(3.2b) 式より，

$$\frac{\partial \bar{E}}{\partial \beta} = -\sigma^2(E) \tag{3.5b}$$

という関係式が得られる．

上式の左辺はパラメータβが１単位増加したときの$\bar{E}$の増加量である．また，分散についての説明で述べたことから，右辺は常に負である．この事実から，

「パラメータβの増加に伴い$\bar{E}$は減少する」

ことがわかる．

Ｅ関数の値は各状態の活性度を表していたことを考えると，その平均$\bar{E}$が小さくなるということは，そのモデルで記述された都市は，活性度が構造的に低い都市であることを意味する．そこで，上記の事実を前提にすると，パラメー

タ β は問題としている都市の不活性度を表すパラメータであることが分かる．

3.3 E 関数の概念拡張

3.3.1 状態数の概念と E 関数の確率分布

都市状態 x と都市状態 y がいずれも E 関数の値が同じとなるような場合，(2.32) 式より，これらは同じ確率で生起する．したがって，E 関数の値が E となる確率を考えると，それは，(2.25) 式で与えられる確率 $p(x)$ と E 関数の値が E となる場合の数 $n(E)$ の積となる．つまり，E 関数の値が E となる確率 $P(E)$ は次のようになる．

$$P(E) = n(E) \cdot \frac{\exp[-\beta E]}{Z}$$
$$= \frac{\exp[-\beta E + \log n(E)]}{Z} \tag{3.6}$$

この場合の数 $n(E)$ を E の状態数と呼ぶことにする．

以下の議論から分かるように，この状態数 $n(E)$ は，ミクロな情報とマクロな情報を関係づける重要な量である．

そこで，上記 (3.6) 式で与えられた確率関数の極値を与える E の値を E^* とする．このとき，(3.6) 式の E による微分値は 0 となることから，

$$\frac{\partial}{\partial E}[-\beta E + \log n(E)]_{|E=E^*} = 0 \tag{3.7}$$

すなわち，

$$\beta = \frac{\partial}{\partial E} \log n(E)_{|E=E^*} = \frac{\dfrac{\partial n(E)}{\partial E}}{n(E)}_{|E=E^*} \tag{3.8}$$

を得る．

上の結果は,「β は, E が均衡値付近で 1 単位増加したときの状態数の相対増加量に他ならない」ことを示している.

3.3.2 都市状態の E－エントロピー

上記までの議論では,状態数の概念を導入した.この状態数の概念をもとに,物理学や情報理論とのアナロジーで,

$$S = k \log n(E) \tag{3.9}$$

を導入し,都市状態の E－エントロピーと名付けることにする.物理学では,上の定義式はボルツマンによって導かれた熱力学のエントロピー S と統計物理学での変量 $n(E)$ との関係式である.本研究での E－エントロピーは,上式で状態数 $n(E)$ により定義されるものである.また,熱力学および情報理論とのアナロジーで言えば,E－エントロピーは,都市状態の乱雑状況を示す量と考えることもできる.

状態数に関する関係式（8）より,E^* 付近では,

$$\frac{\partial S}{\partial E} = k \frac{\partial n(E)/\partial E}{n(E)} = k\beta \tag{3.10}$$

でもある.

3.3.3 F 関数

ここで,E 関数の値が E となる確率 $P(E)$ を再び検討する.すなわち,(3.6) 式に,E－エントロピーの定義式を代入することで,

$$\begin{aligned}
P(E) &= \frac{1}{Z} \exp[-\beta E + S/k] \\
&= \frac{1}{Z} \exp\left[-\beta\left(E - \frac{S}{k\beta}\right)\right]
\end{aligned} \tag{3.11}$$

このことから,確率 $P(E)$ の値が最大となるのは,

$$F = E - \frac{S}{k\beta} \tag{3.12}$$

が最小となるときであることがわかる．上式は統計物理学におけるホルムヘルツの自由エネルギーの表式に対応している．そこで，(3.12) 式で与えられる F を都市の F 関数と呼ぶ．また，確率 $P(E)$ の値が最大となるとき均衡状態が出現しているので，均衡状態では，F 関数が最小化されているということができる．

この事実から，均衡状態を解析することと F 関数の極値を解析することが同値になり，数理的な検討が容易になる．

3.3.4 E 関数の近似仮定

E 関数の値の確率は (3.6) 式で与えられているが，この確率分布の形状がどのようになるのかについて，大雑把な検討をしておきたい．

前章で議論されたように，E 関数は，いくつかの仮定のもとでは，

$$E(x) = -\frac{1}{\beta}\sum_{i=1}^{n} c_i x_i - \frac{1}{\beta}\sum_{i=1}^{n}\sum_{j=1}^{n} c_{ij} x_i x_j \tag{2.26}$$

と表現できた．確率分布の概要を知るため，単純なケースを想定して，考察を深めたい．そこで，モデルとして，各パラメータが都市内の場所によらない場合，つまり，

$$c_i = c_1, \quad c_{ij} = c_2 \tag{3.13}$$

という場合を考える．さらに，各地点での周辺から影響を受ける範囲は，一律 L 個の周辺地域しかないという単純なモデルを想定する．

さらに，都市の各地点の土地利用状態がほぼ一様に平均値 m になっているという場合を考える．つまり，

$$x_i \cong m \tag{3.14}$$

と近似できるとする．

このように単純化された場合では，E関数は次のように単純な形となる．

$$E(x) = -\frac{1}{\beta}\sum_{i=1}^{n}c_1 m - \frac{1}{\beta}\sum_{i=1}^{n}c_2 Lm$$
$$= -\frac{m(c_1+c_2 Lm)}{\beta} \cdot n \tag{3.15}$$

この式から，単純化されたケースでは，E関数の値は，都市内の敷地の数nに比例している．上記は特殊なケースでの議論であったが，

$$E(x) \propto n \tag{3.16}$$

つまり，E関数の値が敷地の数nに比例するという性質は，一般的な場合でもほぼ成立していると推測される．

(16)式が成立しているとき，当然，

$$\overline{E} \propto n \tag{3.17}$$

も成立している．そこで，先に得た結果（3.5b）と比較してみる．この式の左辺は，パラメータβで平均を微分しただけなので，敷地の数nに比例していることになる．したがって，右辺の分散$\sigma^2(E)$も数nに比例していることになる．

(3.6)式で与えられている確率分布$P(E)$の形状で，平均$\overline{E}$からのばらつき具合を表しているのが分散であり，平均$\overline{E}$で基準化した平均値からのずれは次の式で評価される．

$$\frac{\sqrt{\sigma^2(E)}}{\overline{E}}$$

この量は，分子が$\sqrt{n}$に比例し，分母がnに比例するので結局，

$$\frac{\sqrt{\sigma^2(E)}}{\overline{E}} \propto \frac{1}{\sqrt{n}} \tag{3.18}$$

となる．

ここで都市内の敷地の数が充分に大きい場合を考えると，上式の値は限りなく0に近づく．このことは，確率分布$P(E)$の形状は，平均値付近でピークを

とり，それ以外ではほとんど0と成っていることを意味している．
　このような分布形では，次の近似が成立していることになる．
$$E^* = \bar{E} \tag{3.19}$$
上記の結果は，単純化したE関数での議論からの結果であるが，一般の場合にも成立していると推測できる．そこで，以下では（3.19）式が成立していることを仮定して議論したい．この仮定を「E関数の平均近似仮定」と呼ぶことにする．

3.3.5　都市のF関数の性質と単純表現

　以上の準備のもとで，F関数の具体的な形を求めることができる．
　均衡状態付近では，E関数の平均近似仮定のもとで，確率分布 $P(E)$ の形状は，δ関数のようにピークからずれると急激に値が0に近づき，均衡状態付近では，E関数の値とその期待値とはほぼ等しい．このとき，F関数は，
$$F = \bar{E} - \frac{S}{k\beta} \tag{3.20}$$
と表現できる（以下混乱のない限り $\bar{E}, E, E^*$ を同一して扱う）．したがって，
$$\frac{\partial F}{\partial \beta} = \frac{S}{k\beta^2} \tag{3.21}$$
すなわち，
$$S = k\beta^2 \frac{\partial F}{\partial \beta} \tag{3.22}$$
となるので，この式を用いてF関数を書き直すと，
$$F = E - k\beta^2 \frac{\partial F}{\partial \beta} \frac{1}{k\beta} = E - \beta \frac{\partial F}{\partial \beta} \tag{3.23}$$
となる．
　一方，

$$\frac{\partial}{\partial \beta}[\beta F] = F + \beta \frac{\partial F}{\partial \beta} \tag{3.24}$$

であるので，(3.23) を用いて上式を変形すると，

$$\frac{\partial}{\partial \beta}[\beta F] = E \tag{3.25}$$

が得られ，さらに，(3.3b) 式を用いることで次の結果を得る．

$$\frac{\partial}{\partial \beta}[\beta F] = -\frac{\partial \log Z}{\partial \beta} \tag{3.26}$$

上式を β で積分することで，

$$\beta F = -\log Z + c \tag{3.27}$$

c は積分定数

という関係式が得られる．

以下の数理的展開を容易にするため，都合のよい E 関数の値のスケーリングをしておく．特殊な状況として 1 状態しかとらない平衡状態 x_0 を想定し，この平衡状態のときの E 関数の値 $E(x_0)$ を 0 と尺度化する．すると，E－エントロピーの定義より状態数が 1 なので，その値は 0 になる．したがって，F 関数は

$$F = E - \frac{S}{k\beta} = 0 - \frac{0}{k\beta} = 0 \tag{3.28a}$$

であり，

$$Z = \sum_{x=x_0}^{x_0} \exp[-\beta E(x)] = \exp[-\beta E(x_0)] \\ = \exp[-\beta \cdot 0] = 1 \tag{3.28b}$$

つまり，

$$\log Z = 0 \tag{3.28c}$$

となっている．したがって，このスケーリングのもとでは，(3.27) の積分定数は 0 となっていることが分かる．

以上のような適当なスケーリングのもとでは，(3.27) 式より F 関数は次の

ような簡単な式で表される．

$$F = -\frac{1}{\beta} \log Z \qquad (3.29)$$

次章では，本章で導入したF関数を活用し，都市の均衡状態の性質を解明したい．

第4章　都市空間の土地利用変化と誘導戦略
――一様空間モデルにおける平均場理論の適用――

本章では，前章で導入されたF関数を活用し，また，平均場理論を適用することで，安定均衡状態の性質を明らかにした．

安定均衡状態は，パラメータの値によって，均衡解がひとつの場合とふたつの場合がある．前者は，比較的敷地間の影響が小さく，活性度の高い都市で発生し，優遇措置や規制の効果は連続的である．これに対し，比較的に敷地間の影響が大きく，活性度の低い都市では，均衡状態はふたつあり得る．そして，優遇措置や規制の効果が不連続的に効き，異なる均衡状態へ大きくシフトすることが予想される．

4.1　土地利用形態の巨視的状況の解明

第2章では，確率論的都市モデルを構築し，確率的な均衡状態が存在し，そのとき，都市状態 x が成立する確率 $p(x)$ は，

$$p(x) = \frac{\exp[-\beta E(x)]}{Z} \quad (2.25a)$$

$$where \quad Z = \sum_{x} \exp[-\beta E(x)] \quad (2.25b)$$

となることも示された．

第3章では，上記の方程式で決定的役割をする E 関数の性質を議論し，あわ

せてパラメータ β の意味を明らかにした．本章では，こうした理論的準備をもとにして，われわれの基本関心事項である都市形態そのものの変化を調べることとしたい．

われわれのモデルでは，個々の敷地の土地利用状況 x_i は，確率変量であり，どのようになるかを決定論的に論じることはできない．しかし，巨視的に都市全体の土地利用状況の傾向を把握することはできる．都市状態の巨視的状況を表すものとして，土地利用の平均比率がある．われわれのモデルでは，土地利用を1と−1に限定しているので，土地利用1と−1の比率である．たとえば，土地利用1が市街化地域，−1が非市街化地域に対応する場合には，市街化比率ということになる．いわば都市全体での都市化している度合いを計量的表す変量である．以下では，より一般的に，各敷地の土地利用状況 x_i の期待値（これを以下では状態期待値と呼ぶ）を，都市全体の巨視的変量として導入し，この振る舞いを検討する．

4.2 一様空間モデルと平均場理論

4.2.1 一様空間モデル

われわれのモデルを解析し有効な知見を引き出すため，以下での具体的解析での数学的手続きを容易なものとするため，モデルを簡単化しておくことにしたい．一般的な E 関数は，

$$E(x) = -\frac{1}{\beta}\sum_{i=1}^{n} c_i x_i - \frac{1}{\beta}\sum_{i=1}^{n}\sum_{j=1}^{n} c_{ij} x_i x_j \tag{2.26}$$

であった．ここで，パラメータ c_{ij} は地点 i と地点 j の相互影響関係を表しており，一般に距離の増加とともに関係がなくなる性質をもっている．直感的には，各地点の周囲の地点から影響を受け，隣接していない遠方の地点からの影響を受けていない．そこで，影響関係にあるふたつの地点の組を「ボンド」と

呼ぶことにする．また，ボンドの集合をBと記すと，地点iとjがボンドであることは，

$$(i, j) \in B \tag{4.1}$$

と表現される．以下では，ボンド関係にある2地点を，以下では単に隣接しているということもある．

われわれのモデルの本質的特徴を保存しつつ簡略化するため，以下のような仮定を導入する．つまり，1）各地点でパラメータ c_i/β は一様に c_1 に等しく，都市空間の地点間相互作用関係は，2）各地点で隣接している地点数は，どこでも L 個であり，3）隣接している地点同志ではパラメータ c_{ij}/β の値は c_2 であり，それ以外では0となる場合を考える．このように仮定されたモデルでは，E関数は以下のように簡略化される．

$$E(x) = -c_2 \sum_{(i,j) \in B} x_i x_j - c_1 \sum_{i=1}^{n} x_i \tag{4.2}$$

と単純な形となる．上式の第1項が，本質的に各地点間の相互作用を示す項であり，第2項は，各地点に一様に与えられるインセンティヴを表している．

(4.2) 式で表されるモデルを一様空間モデルと呼ぶ．

ここで，合計 n 個の地点において，各地点で L 個の地点と隣接しているので，nL 個のボンドがあるように考えやすいが，各ボンドが2度カウントされているので，ボンドの総数 n_b はその半分となる．つまり，

$$n_b = \frac{1}{2} nL \tag{4.3}$$

である．

(4.2) 式の一様に与えられるインセンティヴを表す第2項を省いた，相互作用項のみのもっとも単純なモデル

$$E(x) = -c_2 \sum_{(i,j) \in B} x_i x_j \tag{4.4}$$

を一様相互作用モデルと呼ぶことにする．

本章では，基本的に一様空間モデルについて解析する．

4.2.2 平均場理論

以下の議論でも分かるように，われわれのモデルで厳密な解析解を導くことは困難である．こうした解析困難さを回避するため，統計物理学で用いる技法として，平均場理論がある．解析を難しくしている主要な要因は，(2.25) 式や，単純化した (4.2)，(4.4) 式で表される E 関数に 2 次項が含まれている点である．この 2 次項を 1 次近似する方法が平均場理論であると言ってよい．われわれのモデルで，平均場理論の基本的アイディアを示しておきたい．

各敷地 i の土地利用状態 x_i は確率変数である．この確率変数の期待値（平均）m（期待値は一般的に敷地ごとに異なるが，当面都市空間が一様で同一の期待値を持つ場合について考える）を導入し，確率変数 x_i を確定変数 m と確率変数 δx_i の和として表現する．すなわち，

$$x_i = m + \delta x_i \tag{4.5}$$

ただし，

$$m = \langle x_i \rangle \tag{4.6}$$

と表現する．物理学では，確率変数 δx_i を変数 x_i の「ゆらぎ」と呼ぶことがある．ここで，

$$\sum_{(i,j)\in B} x_i x_j = \sum_{(i,j)\in B} (m+\delta x_i)(m+\delta x_j)$$
$$= \sum_{(i,j)\in B} (m^2 + m(\delta x_i + \delta x_j)) + \sum_{(i,j)\in B} \delta x_i \delta x_j \tag{4.7}$$

を考える．この最初の和の部分と後者のゆらぎの積和の部分の大小を考えてみる．仮に，ゆらぎが，独立な確率変数とみなせる場合には，ゆらぎの積和は，δx_i の期待値の自乗になり，(4.5)，(4.6) 式より δx_i の期待値の期待値は 0 であったので，結局，(4.7) 式のゆらぎの積和の部分は無視してもいいことにな

る．一般的に，(4.7) 式の最初の和の部分に比べて後者のゆらぎの積和の部分は無視しうるほど小さいことが多い．平均場理論では，(4.7) 式を以下のように近似できることを仮定する理論である．

$$\sum_{(i,j)\in B} x_i x_j = \sum_{(i,j)\in B} (m^2 + m(\delta x_i + \delta x_j)) \tag{4.8}$$

ここで (4.5) 式を用いると，確率変数 x_i の2次項は，以下のように1次式によって近似されることになる．

$$\sum_{(i,j)\in B} x_i x_j = \sum_{(i,j)\in B} (-m^2 + m(x_i + x_j)) \tag{4.9}$$

4.2.3 トレース記法

以下で頻繁に使用する計算を簡便に表す記法を導入しておく．各変数 x_i ($i=1\sim n$) は1もしくは-1という値をとり，その組合せは合計 2^n 通りの場合がある．これらの変数の関数 $f(x_1, x_2, \cdots, x_n)$ が与えられたとき，各場合の関数値の 2^n 個の合計を関数 $f(x_1, x_2, \cdots, x_n)$ のトレースと呼び，以下のように定義される．

$$Tr f(x_1, x_2, \cdots, x_n) = \sum_{x_1=-1}^{1} \sum_{x_2=-1}^{1} \cdots \sum_{x_n=-1}^{1} f(x_1, x_2, \cdots, x_n) \tag{4.10}$$

このトレース記法を用いると，先の確率変数 x_i の期待値 m は次のように表現することができる．

$$m = \langle x_i \rangle = Tr\, x_i p(x_i) = Tr \frac{x_i}{Z} \exp[-\beta E(x)] \tag{4.11}$$

4.3 一様空間モデルの状態期待値

4.3.1 状態期待値に関する方程式

本節では,都市空間の状態期待値 m を求める.そのための準備として,まず,平均場理論を用いて,E 関数を具体的に計算しておくことにしよう.

$$\begin{aligned}E(x) &= -c_2 \sum_{(i,j) \in B}(-m^2+m(x_i+x_j)) - c_1 \sum_{i=1}^{n} x_i \\ &= c_2 m^2 \sum_{(i,j) \in B} 1 - c_2 m \sum_{(i,j) \in B}(x_i+x_j) - c_1 \sum_{i=1}^{n} x_i\end{aligned} \quad (4.12)$$

ここで,(4.3) 式を考えれば,

$$\begin{aligned}E(x) &= c_2 m^2 n_b - c_2 mL \sum_{i=1}^{n} x_i - c_1 \sum_{i=1}^{n} x_i \\ &= c_2 m^2 n_b - (c_2 mL + c_1) \sum_{i=1}^{n} x_i\end{aligned} \quad (4.13)$$

となる.この結果を用いて,分配関数 Z を求めてみる.

$$\begin{aligned}Z &= Tr \exp[-\beta E(x)] \\ &= Tr \exp\left[-\beta c_2 m^2 n_b + \beta(c_2 mL+c_1)\sum_{i=1}^{n} x_i\right] \\ &= \exp[-\beta c_2 m^2 n_b] \cdot Tr \exp\left[\beta(c_2 mL+c_1)\sum_{i=1}^{n} x_i\right] \\ &= \exp[-\beta c_2 m^2 n_b] \cdot \\ &\quad \prod_{i=1}^{n}(\exp[\beta(c_2 mL+c_1)] + \exp[-\beta(c_2 mL+c_1)]) \\ &= \exp[-\beta c_2 m^2 n_b] \cdot \prod_{i=1}^{n} 2\cosh(\beta(c_2 mL+c_1))\end{aligned}$$

$$= \exp[-\beta c_2 m^2 n_b] \cdot [2\cosh(\beta(c_2 mL+c_1))]^n \quad (4.14)$$

上記の結果を用いると，

$$m = Tr \frac{x_i}{Z} \exp[-\beta E(x)]$$

$$= \frac{Tr\, x_i \exp\left[-\beta c_2 m^2 n_b + \beta(c_2 mL+c_1)\sum_{j=1}^{n} x_j\right]}{\exp[-\beta c_2 m^2 n_b] \cdot [2\cosh(\beta(c_2 mL+c_1))]^n}$$

$$= \frac{Tr\, x_i \prod_{j=1}^{n} \exp[\beta(c_2 mL+c_1)x_j]}{[2\cosh(\beta(c_2 mL+c_1))]^n} \quad (4.15)$$

であり，ここで分子の i と一致しない j の項はトレース計算過程で（4.14）式の導出のときと同様な計算で分母と相殺しあい，i と一致する項のみが残り，結果として状態期待値は以下のようになる．

$$m = \frac{\exp[\beta(c_2 mL+c_1)] - \exp[-\beta(c_2 mL+c_1)]}{2\cosh(\beta(c_2 mL+c_1))}$$

$$= \tanh(\beta(c_2 mL+c_1)) \quad (4.16)$$

これは，状態期待値 m に関する方程式になっている．すなわち，この方程式の解 m^* が，実際に実現する都市状態の期待値ということになる．

4.3.2 一様相互作用モデルの状態期待値

この方程式の解の概要を把握するため，パラメータ c_1 が 0 の場合，すなわち一様相互作用モデルの場合について検討してみる．

このとき，

$$m = \tanh(\beta c_2 mL) \quad (4.17)$$

が解くべき方程式ということになる．

両辺を変数 m の関数としてグラフ表現（図 4-1）すると分かりやすい．つまり，ふたつの関数の交点が解であるが，その様子はパラメータの値によってこ

となる．(17) 式右辺の m の関数,
$$f(m)=\tanh(\beta c_2 mL) \tag{4.18}$$
が原点において傾き1以下であれば，方程式 (4.17) の解は原点のみしかなく，傾きが1を越えていれば，3根を有することになる．

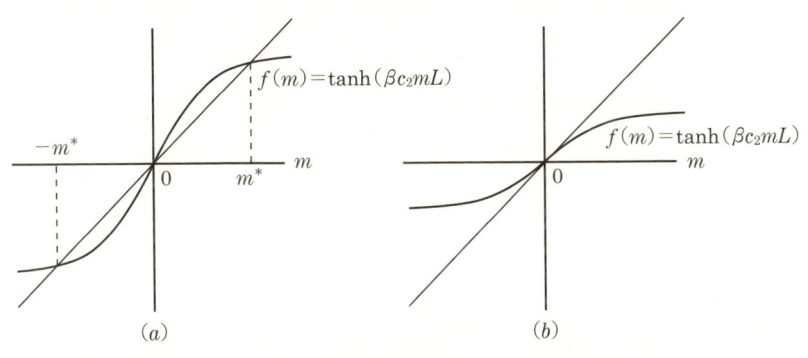

図4-1 均衡解

(4.18) 式の原点での傾きは,
$$f'(0)=\beta c_2 L \tag{4.19}$$
と容易に求めることができるので，結局，次のように述べることができる．

$\quad if\ \beta c_2 L>1\ then\ m=-m^*,\ 0,\ m^*$ \hfill (4.20a)

$\quad if\ \beta c_2 L\leq 1\ then\ m=0$ \hfill (4.20b)

以上のことから，次のことが言える．

相互作用係数 c_2, 隣接数 L（各地点で相互作用をする他地点の数）もしくはパラメータ β が小さいとき，都市状態期待値は0となり，土地利用は-1と1が半々であり，ランダムとなり，都市形態の秩序形成の可能性はない．相互作用係数 c_2, 隣接数 L もしくはパラメータ β が大きくなると，都市状態期待値は非零の値$-m^*$もしくはm^*となる可能性が生じ，ある偏りのある都市形成が可能となる．

上記の結果は，パラメータ c_1 が0の場合，すなわち一様相互作用モデルの場

合についての結果であるが，より一般的な一様空間モデルの場合については，上述の関数 f（(4.18) 式）が，

$$g(m) = \tanh(\beta c_2 mL + \beta c_1) \tag{4.21}$$

と変量 m に関して平行移動した形状となることから，類似した傾向が予想されるが，関数 f が奇関数であったのが，平行移動によって非対象な結果となる．この点の詳しい議論をするため，前章で定義された F 関数を用いた解析を以下では試みる．

4.4 一様空間モデルの均衡状態

4.4.1 一様空間モデルの F 関数の極小化

F 関数は，3 章の結果より，

$$F = -\frac{1}{\beta} \log Z \tag{3.29}$$

と表され，均衡状態で極小化されることが分かっていた．

そこで，上式に，平均場理論で求めた分配関数 Z を代入すると次の結果が得られる．

$$\begin{aligned} F &= -\frac{1}{\beta} \log(\exp[-\beta c_2 m^2 n_b] \cdot [2\cosh(\beta(c_2 mL + c_1))]^n) \\ &= c_2 m^2 n_b - \frac{n}{\beta} \log(2\cosh(\beta(c_2 mL + c_1))) \end{aligned} \tag{4.22}$$

ここで，$\cosh(x)$ が偶関数であることに注意すると，F 関数は充分小さな βc_1 のときには，変量 m に関してほぼ偶関数となっている．

そこで，上記（4.22）式の原点近くでの形状を調べてみる．以下の計算をするため，（4.22）式の対数部分を取り出し，次のように簡略に表現しておく．

$$\varphi(x) = \log(2\cosh(a_1 x + a_2)) \tag{4.23}$$

第4章 都市空間の土地利用変化と誘導戦略――様空間モデルにおける平均場理論の適用―

このとき,以下の結果を得る.

$$\varphi(0) = \log(2\cosh(a_2)), \quad \varphi'(0) = a_1 \tanh(a_2),$$

$$\varphi''(0) = \frac{a_1^2}{\cosh^2(a_2)}, \quad \varphi'''(0) = \frac{-a_1^3 \sinh(a_2)}{\cosh^3(a_2)},$$

$$\varphi''''(0) = 2a_1^4 \{3\tanh^4(a_2) - 4\tanh^2(a_2) - 1\} \tag{4.24}$$

これらの原点での微分係数を用い, F関数の原点での4次までのテイラー展開近似を求めると以下のようになる.

$$F = c_2 m^2 n_b - \frac{n}{\beta} \left\{ \varphi(0) + \varphi'(0)m + \frac{\varphi''(0)}{2} m^2 + \frac{\varphi'''(0)}{6} m^3 + \frac{\varphi''''(0)}{24} m^4 \right\} \tag{4.25}$$

F関数の関数形状の特徴を把握するため,最初に,一様相互作用モデルの場合について検討する.このとき,パラメータ c_1 は0であるので,パラメータ a_2 が0となっている.この結果を(4.24)式に代入することで,

$$\varphi(0) = \log 2, \quad \varphi'(0) = 0, \quad \varphi''(0) = a_1^2, \quad \varphi'''(0) = 0, \quad \varphi''''(0) = -2a_1^4 \tag{4.26}$$

となっているので,一様相互作用モデルのF関数は,

$$\begin{aligned} F &= c_2 m^2 n_b - \frac{n}{\beta} \left\{ \log(2) + \frac{(\beta c_2 L)^2}{2} m^2 - \frac{(\beta c_2 L)^4}{12} m^4 \right\} \\ &= -\frac{n}{\beta} \log 2 + \left(c_2 n_b - \frac{n(\beta c_2 L)^2}{2\beta} \right) m^2 + \frac{n(\beta c_2 L)^4}{12\beta} m^4 \end{aligned} \tag{4.27}$$

となる.ここで,(4.3)式を用いると以下の結果となる.

$$F = -\frac{n}{\beta} \log 2 + \frac{c_2 n L}{2} (1 - \beta c_2 L) m^2 + \frac{n \beta^3 (c_2 L)^4}{12} m^4 \tag{4.28}$$

ここで,パラメータの範囲が

$$\beta c_2 L < 1 \tag{4.29}$$

ならば,上記F関数の原点での2階微分係数は正となり,原点で極小値をとる.逆に,

$$\beta c_2 L > 1 \tag{4.30}$$

ならば，F 関数の原点での 2 階微分係数は負となり，原点で極大値をとる．(図 4-2 参照)

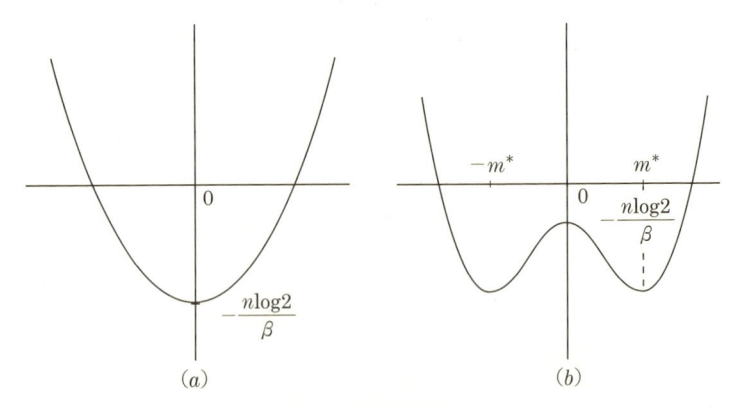

図4-2 F関数の形状

F 関数の極小値で均衡状態が達成されるので，均衡状態の可能性として，次の 2 つの場合があることがわかる．

① $\beta c_2 L < 1$ ならば $m=0$ という均衡状態しかない．
② $\beta c_2 L > 1$ ならば $m=m^*$ もしくは $m=-m^*$ という 0 でない均衡状態となる．

この結果を $X=m, Y=\beta c_2 L$ とする空間で表すと均衡状態はパラメータ $\beta c_2 L$ によって分枝する構造が理解できる．(図 4-3)

以下のパラメータ c_1 が 0 の場合の考察をもとに，パラメータ c_1 が 0 から微小量だけ変動した場合を考えることで，

① $\beta c_2 L < 1$ の場合，$c_1=0$ で $m=0$ が均衡解であったので，
$$c_2 m L + c_1 = 0 \tag{4.31a}$$
を満足する均衡解に変化する．すなわち，

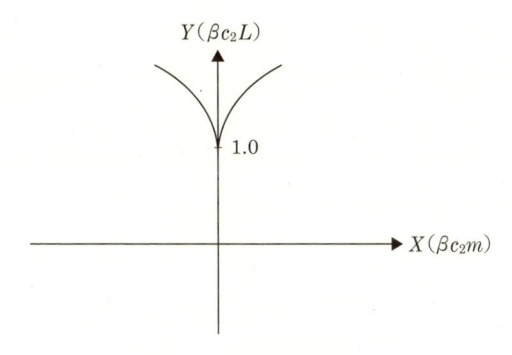

第4章 都市空間の土地利用変化と誘導戦略——様空間モデルにおける平均場理論の適用— 47

図4-3 均衡状態の分枝

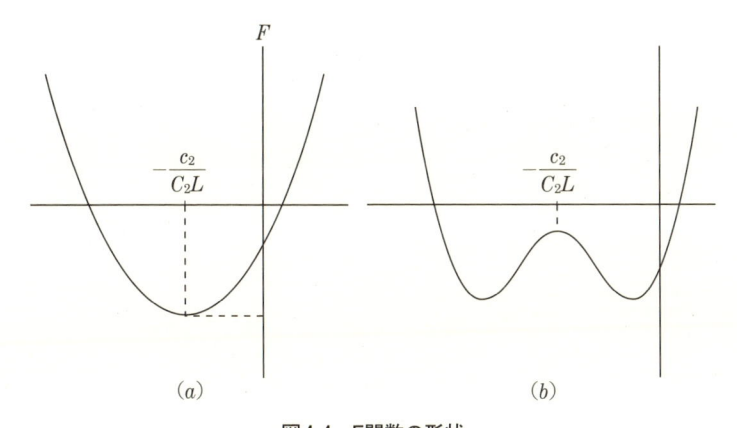

図4-4 F関数の形状

$$m = -\frac{c_1}{c_2 L} \tag{4.31b}$$

となる．（図4-4a）

② $\beta c_2 L > 1$ の場合も同様に，$-c_1/c_2 L$ だけF関数はシフトし，均衡解もその分だけシフトすることが分かる．（図4-4b）

以上の数理的結果を解釈すると次の性質が判明したことになる．

①都市の活動の不活性さを表すβ，隣接敷地間の影響の強さを表すc_2，影響

しあう敷地の平均数が小さい場合には，確率的均衡状態での平均値mは0すなわち，土地利用状態が1と-1の数が同数という，ランダムなパターンとなる．つまり，開発が活発になり活性化されすぎると都市はランダムになり，また周辺の土地利用との影響が小さくなるとランダムな土地利用になりやすい．逆に，都市活動が不活発であったり，各敷地の周辺との影響関係が強い場合には，土地利用は，偏った，つまり，一定のパターンを形成しやすいということになる．

②パラメータc_1の表す敷地固有のインセンティヴや補助金などの優遇措置を用いた強制的なインセンティヴによって，均衡状態の平均値はいずれかに偏ることになる．

いずれの解釈結果も，常識的な知見の範囲にあり，本研究の有用性を示すものではないが，本研究で用いるモデルの妥当性を裏付けていると見做すことができる．以上の確認を前提として，さらに，深い検討を行いたい．

4.4.2 均衡状態のカタストロフィー

前項で調べたように，パラメータの値によって，F関数の取りうる極値つまり均衡値にはひとつの解がある場合とふたつの値がある場合があった．パラメータが変化したとき，均衡値がどのように変化するかについて，さらに考察を進めたい．そのため，F関数の極値条件，すなわち，

$$\frac{dF}{dm}=0 \tag{4.32}$$

を考えてみる．これは，(4.22) 式より，

$$\frac{dF}{dm}=2c_2 m n_b - n c_2 L \tanh(\beta(c_2 mL + c_1)) \tag{4.33}$$

となるので，(4.3) 式を考慮して，

$$m=\tanh(\beta c_2 mL + \beta c_1) \tag{4.34}$$

が得られる．これは (4.17) 式に他ならない．

第4章 都市空間の土地利用変化と誘導戦略——様空間モデルにおける平均場理論の適用— 49

ここで，$X=\beta c_1$，$Y=\beta c_2 L$，$Z=m$ を3軸とする (X, Y, Z) 空間を設定すると，上記の極値条件を満足する集合は，この空間の部分空間となり，およそ図4-5のような形となる．

パラメータ c_2, L, β が充分小さく固定されているときには，すなわち図でY

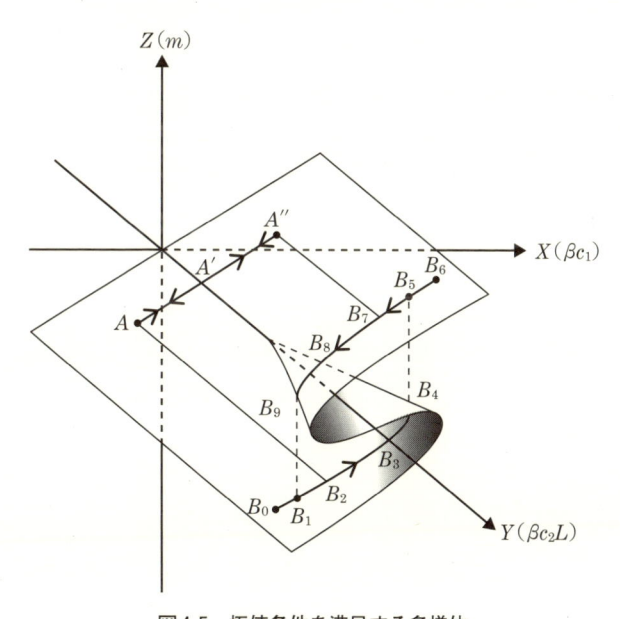

図4-5 極値条件を満足する多様体

軸の値が1未満の場合で固定しているときには，優遇措置や規制によりパラメータ c_1 を増減させると図中の軌跡Aのように変化し，結果として，Z軸の値で表される均衡状態の平均 m は徐々に連続的に変化し，また，その変化は可逆的である．

しかし，パラメータ c_2, L, β が充分大きく図でY軸の値が1以上で固定されているときには，優遇措置や規制によりパラメータ c_1 を負のところ（図中 B_0 の点）では m の値も負であるが，ここから c_1 を増加させると図中の B_1, B_2, B_3

を経由してパラメータc_1が正になってもmの値は負の状態を維持し続ける．（パラメータc_1が正の場合，F関数のふたつの極小値の内最小なのはmが正の方であるが）が，解が図中の曲面にそって動くためにB_4に至るまでmの値は負のままである．この瞬間を越えてパラメータc_1が大きくなると，極値はひとつしかなく図の上部のB_5に移り，mの値は正になる．さらにパラメータc_1が大きくなってB_6に至る．しかし，このB_6の状態から，パラメータc_1を減少させていっても，上記のコースを逆に辿ることにはならない．パラメータc_1の減少にともないB_5, B_7, B_8を経由してB_9に至る．B_8を通過する時点でパラメータc_1は既に負の値となるためにF関数の最小値を与えるmは負となるはずであるが，図の曲面上を移動するので，B_8, B_9間でもmの値は正のままである．B_9の段階よりもパラメータc_1が減少すると極小値を与える解はひとつとなり，図の曲面の下のB_1に移る．さらにパラメータc_1を減少させるとB_0に至る．

上記で見たように経路B上では，状態の平均mの値は，途中で大きく飛び跳ねるという現象が起きている．この現象は，カタストロフィー現象のひとつであり，理論的にはカスプという比較的単純なカタストロフィーに分類されている．

上記の現象を都市の変化という立場で言えば，前章までのパラメータの意味を前提として，次のことが予想できる．パラメータ$c_2 L$は，隣接敷地間の影響の強さであり，これらの値が大きいことは，隣接敷地の用途が同一になりやすかった．また，βは，都市の不活性の程度を表していた．したがって，比較的不活性で隣接敷地間が同一の用途になりやすい場合においては，優遇措置や規制によりパラメータc_1を変化させた場合，平均mすなわち，都市の用途の比率が突然大きく変化する現象がありうる．このことは，優遇措置や規制の効きが，連続的なものでなく，飛躍的な変化を生じさせることがあることを示している．

一方，敷地間の影響が小さく，活性度の高い都市では，このような現象は成立しない．

4.4.3 土地利用の誘導・規制戦略

前項のカタストロフィー現象を前提とすると，土地利用を誘導・規制する場合のとるべき戦略がわかる．

例として，最初に図5のB_2の状態（mは負）で表される土地利用が-1の方が多い状態からB_7の状態（mは正）で表される土地利用が1の方が多い状態へ誘導する場合を考えてみる．このとき，パラメータc_1で表されるインセンティヴを増大させることが考えらえるが，このような誘導では先に論じたように，B_2, B_3を経てB_4に至るまでmは負のままである．さらに，パラメータc_1を増加すると，突然図の上部のB_5に移り，mの値は正になる．しかし，これは誘導目標であったB_7よりも大きなmの値となっており，この段階で，パラメータc_1を今度は逆に減少させて，目標のB_7に至るという無駄な誘導になってしまう．

この無駄を無くすためには，一見関係ないように思える方法が必要になる．まず，B_2の状態からパラメータ$\beta c_2 L$を1以下のところまで減少させAに至る．これは，パラメータβを小さくなるよう活性化させる（たとえば経済的にインフレ傾向にし土地利用への投資を大きくすることや各種の規制緩和が考えられる）ことなどで制御される．状態Aからは，パラメータc_1を増加させA''の状態に至り，経路A上で目標のmの値の状態に移るか，A''の状態から，パラメータβを大きくしてB_7の状態に至ってもよい．

この無駄の無い規制・誘導を考えると，パラメータc_1で表される各敷地への直接的なインセンティヴの増減ばかりでなく地域全体の経済的な活性化・沈静化や規制の厳格化・緩和等の戦略が必要であることが分かる．

本章では，前章で導入されたF関数を活用し，また，平均場理論を適用することで，安定均衡状態の性質を明らかにした．

安定均衡状態は，パラメータの値によって，均衡解がひとつの場合とふたつの場合がある．前者は，比較的敷地間の影響が小さく，活性度の高い都市で発生し，優遇措置や規制の効果は連続的である．これに対し，比較的に敷地間の

影響が大きく，活性度の低い都市では，均衡状態はふたつあり得る．そして，優遇措置や規制の効果が不連続的に効き，異なる均衡状態へ大きくシフトすることが予想される．

また，都市の効率的な誘導規制に関して，各敷地への直接的インセンティヴの増減ばかりでなく，地域全体の経済の活性化・沈静化や規制の厳格化・緩和も必要であることが分かった．

第5章 地域特化理論
―ゾーニング形成の基礎理論―

都市の空間構造が一様である場合，一般的には，土地利用状態も一様となると考えがちであるが，本章では，土地利用状態が一様な場合に，ゆらぎ（確率的変動）により一様状態から僅かにずれた場合にどうなるかを分析する．

土地利用形態が一様状態である方がより安定である場合と，ゆらぎ状態の方が安定で一様状態から離れていく場合があることを示す．後者の場合，結果として空間的に土地利用比率の異なるふたつの地域へと分化してしまい，一様でない空間パターンが形成されることになる．

非一様的空間パターンの形成条件は，土地利用比率が，一様性を仮定した場合のF関数のふたつの変曲点の間にある場合に満たされていることが明らかとなる．

5.1 一様な空間から非一様な都市パターンの形成

5.1.1 都市空間の特化

前章では，都市内の土地利用が全体的に一様な確率分布になると仮定し平均場理論を適用して解析してきた．理論的には，与えられた空間自体がどの場所でも均質な構造を持っていると想定していたので，確率過程を経て収束する都市状態も，つまり土地利用の状態の収束した確率分布も，場所によらない一様なものになると仮定することは，常識的な考えとも言える．この一様な確率分

布を，以下での議論と区別するため，一様解と呼ぶことにする．しかし，現実の都市では，ある場所が都心の業務地区になり周辺に住宅地，さらに外側に農地が広がるというように，都市内の土地利用は一様ではない．都市形態の歴史的変遷をみても，時間の経過に伴い，都市の一部の地域が特化していく傾向が観察される．われわれの確率論的都市モデルにおいても，都市内土地利用の特化が生じうるのだろうか．以下では，この問題を考察することにしたい．

本章では，一様解が何らかの原因で乱された場合にどのようになるのかについて検討する．もとより本確率論的都市モデルでは，都市全体が統計的に一定状態にあっても微視的には各敷地の土地利用は変化している．このような微視的な変化を「ゆらぎ」と呼ぶことにする．このゆらぎが空間的一様性を阻害しない場合には，前章の結果である一様解は空間的にも安定な土地利用分布となるが，ゆらぎにより空間的一様性が阻害されてしまう場合には，前章の空間的一様性を前提とした一様解と異なってくることが予想される．本章では，ゆらぎにより都市全体が空間的一様状態にとどまるのか，空間的一様状態からはなれていくのかを検討してみたい．

5.1.2 これまでの結果

本章の解析の前提となる前章までの結果を整理しておこう．

基本的な確率論的都市モデルでは，都市は n 個の敷地から構成されており，各敷地 i の土地利用は，2種類の土地利用（1または-1で表記される）のいずれかを表す x_i で記述される．都市全体の土地利用は各敷地の土地利用 x_i を要素とする n 次元ベクトル x で表される．適切な条件のもとで，都市状態によって決まる E 関数と呼ぶ関数 $E(x)$ が存在して，確率的な意味での均衡状態が存在する．

都市が空間的に一様で各敷地は L 個の隣接敷地より影響を受ける（隣接関係にある敷地 i と敷地 j のペアをボンドと言い $(i,j) \in B$ と表記する）一様空間モデルでは，

$$E(x) = -c_2 \sum_{(i,j)\in B} x_i x_j - c_1 \sum_{i=1}^{n} x_i \qquad (4.2)$$

となっていることが示された（注：空間が一様であることと，土地利用の分布が結果的に一様になることは別のことであり，空間的に一様でも非一様な土地利用分布が出現する可能性があり，本章で検討するのは，まさに，この可能性なのである）．

さらに，E関数の値がEとなる場合の数$n(E)$を用いて定義されるE－エントロピー

$$S = k \ln n(E)$$

を用いて，統計物理学におけるホルムヘルツの自由エネルギーの表式に対応したF関数と呼ぶ関数

$$F = E - \frac{S}{k\beta}$$

を定義しておくと，このF関数は時間の経過とともに極小化されることが分かった．

5.2　F関数の摂動解析

5.2.1　摂動モデルのE関数

まず，空間相互の影響関係を表しているE関数を（4.2）式よりも単純な形にしておく．（4.2）式右辺の第2項は，各敷地に与えられる土地の優位性や政策的に決まる規制・誘導インセンティヴを表すもので，摂動の結果生じる相互影響とは独立的なものであるため，本章の分析では本質的でない．そこで，本章では，E関数を（4.2）式の第2項を省いた形のものとして扱う．すなわち，

$$E(x) = -c_2 \sum_{(i,j)\in B} x_i x_j \qquad (5.1)$$

2次元に広がった都市空間では，ゆらぎは，2次元の空間分布と定義できる．しかし，以下の解析では2次元であることは本質的ではなく容易にn次元空間に一般化できる論法なので，数学的表記の単純さの理由で1次元ゆらぎとして定式化する．

まず，矩形の都市空間を想定し，これを東西に $2n'+1$ 等分し，それぞれをゾーンと呼ぶ（2次元ゆらぎを定式化する場合には，東西に $2n'+1$ 等分，南北

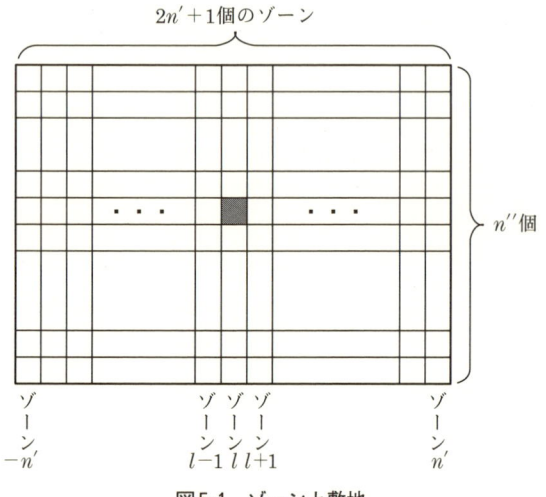

図5-1　ゾーンと敷地

に $2n'+1$ 等分したものをゾーンとして同様な議論をすればよい）．ゾーンを表すサフィクスとして，

$$l=-n', -n'+1, \cdots, n'-1, n'$$

を用いる．各ゾーンをさらに n'' 等分されたものを最小単位と考え，本章ではこれを敷地と考える．全敷地数を n とするとき，

$$n=(2n'+1)\times n'' \tag{5.2}$$

となっている．

さて，都市空間の土地利用状態が一様であるとして解析してきたこれまでの

研究は，本章のモデルではn''個の敷地からなる各ゾーンの土地利用の平均比率はどこでもmとなっている場合に相当する．ゆらぎがある場合には，各ゾーンの平均比率は一様ではなく，それぞれm_lとなる．

(5.1) 式で与えられるE関数の値を計算するために，4章で導入したボンド数の概念をゾーン内，ゾーン間に分けて定義する．つまり，ひとつの敷地が相互に影響しあう敷地数がボンド数であり，ひとつの敷地が同一ゾーン内で相互影響する敷地の数をL_0，ひとつの敷地が，この敷地が属するゾーンの東側隣接ゾーンの敷地で相互影響しあう敷地数をL_1とする．このとき，(5.1) 式は，ゾーンlについてのゾーン内の相互影響によるものと，ゾーンlとゾーン$l+1$の間の相互影響によるものを，すべてのゾーンlについての和と表すことができる．(5.1) 式のゾーンlのひとつの敷地におけるゾーン内の相互影響分は，平均m_lとなる値x_iとx_jの積がL_0個なので，$L_0 m_l^2$で近似できる．同様に，ゾーンlのひとつの敷地におけるゾーン$l+1$の間の相互影響分は平均m_lとなる値x_iと平均m_{l+1}となる値x_jの積がL_1個なので，$L_1 m_l m_{l+1}$となる．以上のことから，ゆらぎのある場合のE関数は以下のように近似できる．

$$\widetilde{E} = -c_2 n'' L_0 \sum_{l=-n'}^{n'} m_l^2 - c_2 n'' L_1 \sum_{l=-n'}^{n'} m_l m_{l+1} \tag{5.3}$$

また，ゆらぎがないとした場合，つまり土地利用が一様の場合は各ゾーンの平均がmであるので上式中のm_lをmでおきかえたもので近似できる．つまり，

$$E = -c_2 n''(L_0 + L_1)(2n'+1)m^2 \tag{5.4}$$

となる．

5.2.2 摂動モデルのE-エントロピー

以下の計算の簡便さのために，土地利用比率m_lのかわりに土地利用用途が1である比率q_lを導入する．両者には次の関係がある．

$$q_i \times (+1) + (1-q_i) \times (-1) = m_i$$

つまり，

$$m_i = 2q_i - 1, \quad q_i = \frac{m_i + 1}{2} \tag{5.5}$$

である．

このとき，E 関数の値が $\widetilde{E}$ となる場合の数は以下のようになる．

$$n(\widetilde{E}) = \prod_{l=-n'}^{n'} \frac{n''!}{(n''q_l)!(n''-n''q_l)!} \tag{5.6}$$

対数をとると，

$$\ln n(\widetilde{E}) = \sum_{l=-n'}^{n'} \{\ln n''! - \ln(n''q_l)! - \ln(n''-n''q_l)!\} \tag{5.7}$$

である．スターリングの公式

$$\ln x! \cong x \ln x - x \tag{5.8}$$

を用いると (5.7) 式の各項は以下のようになる．

$$\begin{aligned}
&\ln n''! - \ln(n''q_l)! - \ln(n''-n''q_l)! \\
&= -n''\{q_l \ln q_l + (1-q_l)\ln(1-q_l)\}
\end{aligned} \tag{5.9}$$

となるので，ゆらぎがある場合の E—エントロピーは，結局，

$$\begin{aligned}
\widetilde{S} &= k \ln n(\widetilde{E}) \\
&= -n''k \sum_{l=-n'}^{n'} \{q_l \ln q_l + (1-q_l)\ln(1-q_l)\}
\end{aligned} \tag{5.10a}$$

となる．土地利用比率 m_l を用いて表すと，

$$\widetilde{S} = -n''k \sum_{l=-n'}^{n'} \left\{ \frac{1+m_l}{2}\ln\frac{1+m_l}{2} + \frac{1-m_l}{2}\ln\frac{1-m_l}{2} \right\} \tag{5.10b}$$

となる．

また，ゆらぎがないとした場合は，

$$n(E) = \frac{n!}{(nq)!(n-nq)!} \tag{5.11}$$

であり，スターリングの公式を用いて，

$$\ln(E) = \ln n! - \ln(nq)! - \ln(n-nq)!$$
$$= -n\{q \ln q + (1-q)\ln(1-q)\} \tag{5.12}$$

となり,

$$S = k \ln n(E) = -kn\{q \ln q + (1-q)\ln(1-q)\} \tag{5.13a}$$

もしくは,

$$S = -kn\left\{\frac{1+m}{2}\ln\frac{1+m}{2} + \frac{1-m}{2}\ln\frac{1-m}{2}\right\} \tag{5.13b}$$

となっている.

5.2.3 摂動モデルのF関数

以上で求めたE関数とE—エントロピーを用いて,F関数が決定できる.つまり,

$$\widetilde{F} = \widetilde{E} - \frac{\widetilde{S}}{k\beta} \tag{5.14}$$

の右辺に (5.3), (5.10b) 式の結果を代入することで,

$$\widetilde{F} = -c_2 n'' L_0 \sum_{l=-n'}^{n'} m_l^2 - c_2 n'' L_1 \sum_{l=-n'}^{n'} m_l m_{l+1}$$
$$+ \frac{n''}{\beta} \sum_{l=-n'}^{n'} \left\{\frac{1+m_l}{2}\ln\frac{1+m_l}{2} + \frac{1-m_l}{2}\ln\frac{1-m_l}{2}\right\} \tag{5.15}$$

となる.

同様に,ゆらぎがないとした場合は,

$$F = E - \frac{S}{k\beta}$$
$$= -c_2 n (L_0 + L_1) m^2 + \frac{n}{\beta}\left\{\frac{1+m}{2}\ln\frac{1+m}{2} + \frac{1-m}{2}\ln\frac{1-m}{2}\right\} \tag{5.16}$$

となっている.

5.2.4 摂動F関数の極小化

ゆらぎがある場合も，そのF関数を極小化することにかわりない．そこで，F関数の極小条件を検討する．(5.15) 式で m_i が出現するところに注意して，

$$\frac{\partial}{\partial m_i}\widetilde{F}=-2c_2 n''L_0 m_i-c_2 n''L_1 m_{i-1}-c_2 n''L_1 m_{i+1}+\frac{n''}{2\beta}\left\{\ln\frac{1+m_i}{2}-\ln\frac{1-m_i}{2}\right\} \tag{5.17}$$

を得る．ここで，ゆらぎ m_i は一様の場合の m に十分近い値であるので，

$$\phi(m_i)=\ln\frac{1+m_i}{2}-\ln\frac{1-m_i}{2}=\ln(1+m_i)-\ln(1-m_i) \tag{5.18}$$

を定義すると，

$$\phi'(m_i)=\frac{1}{1+m_i}+\frac{1}{1-m_i} \tag{5.19}$$

であり，

$$\phi(m)=\ln\frac{1+m}{1-m}, \quad \phi'(m)=\frac{2}{1-m^2} \tag{5.20}$$

であることから．以下のように1次近似できる．

$$\phi(m_i)\cong\ln\frac{1+m}{1-m}+\frac{2}{1-m^2}m_i \tag{5.21}$$

この結果を，(5.17) 式に代入することで，

$$\frac{\partial}{\partial m_i}\widetilde{F}\cong-2c_2 n''L_0 m_i-c_2 n''L_1 m_{i-1}-c_2 n''L_1 m_{i+1}+\frac{n''}{2\beta}\left\{\ln\frac{1+m}{1-m}+\frac{2}{1-m^2}m_i\right\} \tag{5.22}$$

となる．したがって，極小化条件

$$\frac{\partial}{\partial m_i}\widetilde{F}=0 \tag{5.23}$$

は，以下の関係式となる．

$$m_{i+1}+2\left(\frac{L_0}{L_1}-\frac{1}{2\beta c_2 L_1(1-m^2)}\right)m_i+m_{i-1}-\frac{1}{2\beta c_2 L_1}\ln\frac{1+m}{1-m}=0 \tag{5.24}$$

上式を満足する数列 m_i を求める.

$$A=\frac{L_0}{L_1}-\frac{1}{2\beta c_2 L_1(1-m^2)} \tag{5.25}$$

$$B=\frac{1}{2\beta c_2 L_1}\ln\frac{1+m}{1-m} \tag{5.26}$$

とするとき,

$$m_{i+1}+2Am_i+m_{i-1}-B=0 \tag{5.27}$$

の解は,

$$m_i=a_0+a_1\alpha^i+a_2\alpha^{-i} \tag{5.28}$$

の形を想定して, (5.27) 式に代入することで,

$$\alpha^2+2A\alpha+1=0 \tag{5.29a}$$

$$a_0(2+2A)-B=0 \tag{5.29b}$$

の解に帰着できる.

2次方程式 (5.29a) の判別式

$$D=A^2-1 \tag{5.30}$$

の値によって, (5.27) の解は以下のようになる.

① 判別式の値が正のとき

このとき, (5.29a) は2実根を持ち, かつその値の絶対値は1ではないので (5.28) 式より, 係数 a_1, a_2 がともに0でなければ, 十分大きな i もしくは十分小さな i で m_i の値は発散する. 係数 a_1, a_2 がともに0であれば, m_i は定数となりゆらぎが存在しない場合となる. いずれの場合も, 安定なゆらぎ解とならない.

② 判別式の値が0のとき,

このとき,

$$A = -1 \qquad (5.31)$$

ならば，2次方程式（5.29a）は実根1を持ち，（5.28）式より，m_i は定数となりゆらぎが存在しない場合となる．

$$A = 1 \qquad (5.32)$$

ならば，2次方程式（5.29a）は実根-1を持ち，（5.28）式より，m_i は振動解

$$m_i = a_0 + a_1(-1)^i + a_2(-1)^{-i} \qquad (5.33)$$

となる．

③ 判別式が負のとき

2次方程式（5.29a）は複素根となり，（5.28）式は，

$$m_i = a_0 + b\cos(\omega i - \theta) \qquad (5.34)$$

の形の解となる．

以上の結果を整理すると，

$$-1 < A \leq 1 \qquad (5.35)$$

のときに，ゆらぎは振動解を持つ．すなわち，一様解からゆらいだ状態の方が安定となる．つまり，(5.35)式が成立しているとき，一様状態からの僅かなゆらぎによって，一様状態から離脱してゆらぎ状態へと移行してしまう．

5.3 土地利用用途の分化

5.3.1 一様解の性質

まず一様解の性質を調べておこう．一様解のF関数の変数mによる1次および2次の偏導関数は，以下のようになっている．

$$\frac{\partial F}{\partial m} = -2c_2 n(L_0 + L_1)m + \frac{n}{2\beta}\{\ln(1+m) - \ln(1-m)\} \qquad (5.36)$$

$$\frac{\partial^2 F}{\partial m^2} = -2c_2 n(L_0 + L_1) + \frac{n}{\beta(1-m^2)} \qquad (5.37)$$

となっている．

(5.25) 式と (5.37) 式とを比較すると，

$$\frac{1}{2c_2 n L_1}\frac{\partial^2 F}{\partial m^2}=-A-1 \tag{5.38}$$

という関係にある．

5.3.2 一様解の安定性

この関係式から，以下のふたつの命題が得られる．

命題1：一様モデルのF関数の2次微分が正または0の範囲では，ゆらぎに対し一様解が安定である．

証明：関係式 (5.38) より，

$$A\leq -1 \text{ for } \frac{\partial^2 F}{\partial m^2}\geq 0 \tag{5.39}$$

となって，前述の摂動解析の結果からゆらぎは不安定であり一様解が実現する．

命題2：一様モデルのF関数の2次微分が負の範囲では，

$$\frac{1}{2c_2\beta}\geq L_0-L_1 \tag{5.40}$$

の条件のもとでは，一様解が不安定である．

証明：関係式 (5.38) より，

$$A>-1 \text{ for } \frac{\partial^2 F}{\partial m^2}<0 \tag{5.41}$$

が成立している．また，(5.25) 式は，

$$A=\frac{L_0}{L_1}-\frac{1}{2\beta c_2 L_1(1-m^2)}\leq \frac{L_0}{L_1}-\frac{1}{2\beta c_2 L_1} \tag{5.42}$$

で (5.40) 式を考慮すると，

$$A-1\leq \frac{L_0}{L_1}-\frac{1}{2\beta c_2 L_1}-\frac{L_1}{L_1}=\frac{1}{L_1}\left(L_0-L_1-\frac{1}{2c_2\beta}\right)\leq 0 \tag{5.43}$$

が得られる．以上の(5.41)，(5.43)式から，

$$-1<A\leq 1$$

が成立する．したがって，ゆらぎが振動解の形で成立しており，一様解が成立しなくなっている．

上の命題の結果，一様モデルのF関数の2次微分が負の範囲つまりふたつの変曲点の間では，一様解は成立せず，振動解が安定になる（図5-2参照）．

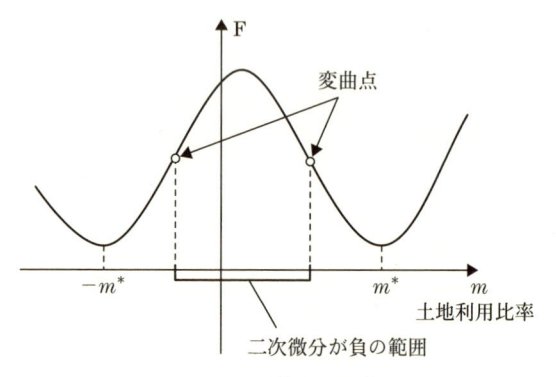

図5-2　一様解のF関数

5.3.3　土地利用の分化

前項の命題2の状況について，さらに検討を深めたい．

まず，一様解のF関数の2次微分が負の範囲の土地利用比率 m になっている状態で，ゆらぎが発生すると，この比率が固定されているとしよう．

命題2によれば，ゆらぎによる振動解が一様解よりも安定なので，土地利用比率は平均 m の周辺の値に散らばっており，それらが図5-3aのように空間的に三角関数状に分布している．イメージしやすく平均 m より高い比率の地域と低い地域のふたつに区分して，それぞれの地域の平均比率を m_1 と m_2 とおい

図5-3a　一様解と振動解

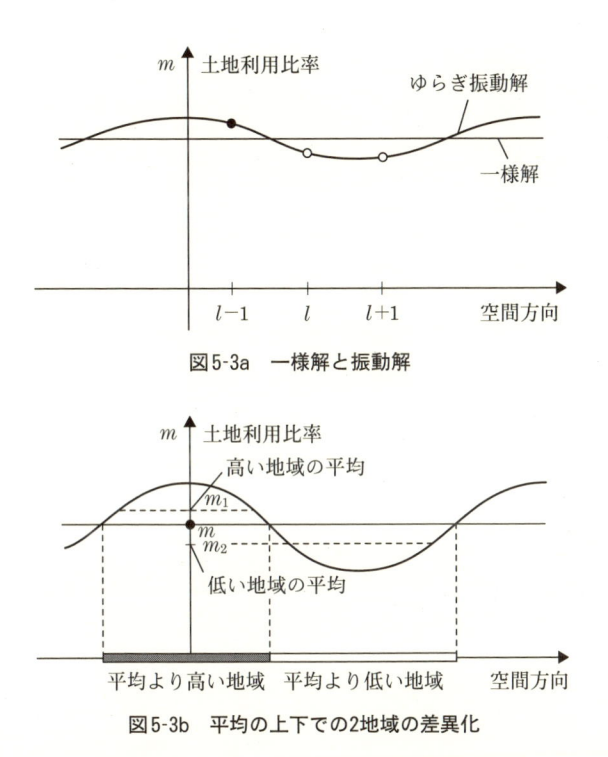

図5-3b　平均の上下での2地域の差異化

て考えてみよう（図5-3b）．

　図5-4のF関数のグラフで土地利用比率 m の一様な状態（A点で表されている）は，土地利用比率 m_1, m_2（図で B_1 と B_2 で表されている）に分解され，両地域全体のF関数の値は平均 m の一様な状態のときよりも小さくなっているというのが命題2の主張である．つまり，F関数の2次微分が負の範囲にある点Aの一様状態は成立せず，図5-4のように両側の高い比率の地域と低い地域に分かれていく．すなわち，F関数の2次微分が負の範囲では一様状態が成立せず，平均比率 m を維持したまま，かならずそれよりも高い比率の地域と低い地域に分化されてしまう．分解された B_1 と B_2 が，F関数の2次微分が負の範囲にあれば，土地利用比率がそれぞれ m_1 と m_2 の地域について同様の論法

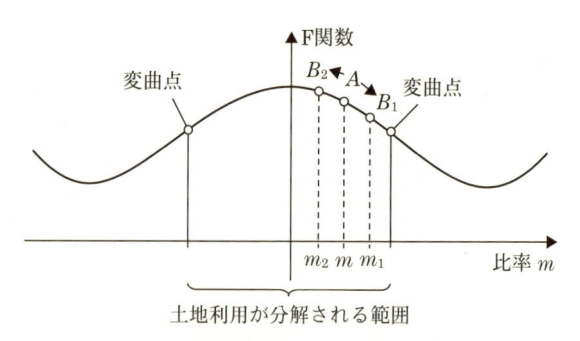

図5-4 土地利用が特化するメカニズム

が成り立つ．したがって，最終的には全体の平均比率 m を維持したまま比率が高い地域と低い地域の差は広がり，片方の地域の比率が変曲点に達するまでこの分化が進む．

以上の考察から，極小化すべきF関数の値がむしろ高くなっているF関数の2次微分が負の範囲において，この範囲に都市全体の土地利用比率を固定すると，都市は，空間的な非一様な空間パターンを自ら形成して，より望ましい状態を達成していることが分かった．

都市の空間構造が一様である場合，一般的には，土地利用状態も一様となると考えがちであるが，本章では，土地利用状態が一様な場合に，ゆらぎ（確率的変動）により一様状態から僅かにずれた場合にどうなるかを分析した．

土地利用形態が一様状態である方がより安定である場合と，ゆらぎ状態の方が安定で一様状態から離れていく場合があることが判明した．後者の場合，結果として空間的に土地利用比率の異なるふたつの地域へと分化してしまい，一様でない空間パターンが形成されることになる．

非一様的空間パターンの形成条件は，土地利用比率が，一様性を仮定した場合のF関数のふたつの変曲点の間にある場合に満たされていることが判明した．

第6章 多用途地域モデル

　本章では，これまで土地利用用途が2種類であったモデルを3種以上の土地利用の場合へと確率論的モデルを拡張，再定式化を試みる．
　理論的解析は制約を受けるため，数値解析方法を開発し，これを用いて，従来の2用途モデルでの理論的結果と類似した結果が得られることを確認する．

6.1 多用途モデルへの拡張

　前章までは，各敷地の用途が2種類の場合について考察してきた．本章では，用途が2種類を超える一般的な場合にモデルを拡張することを試みる．
　これまでのような数学的な簡便さが一部で失われるものの基本的なモデルの性質は保持されていることが分かる．
　以下，都市の状態変化や均衡過程はF関数によって決まってくることが4章で明らかとなったので，本章では，用途の種類が2を超えた場合のF関数を求めることで一般化をおこなう．F関数はE関数とE－エントロピーから求まるので，最初にE関数を求める．E－エントロピーを求めるための場合の数の計算ではアンサンブルという考え方を用いることにする．

6.2 F関数の一般化

6.2.1 一般化都市モデル

基本的な確率論的都市モデルでは，都市は n 個の敷地から構成されており，各敷地 i の土地利用は，2種類の土地利用（1または−1で表記される）のいずれかを表す x_i で記述された．都市全体の土地利用は各敷地の土地利用 x_i を要素とする n 次元ベクトル x で表され，E関数と呼ぶ関数 $E(x)$ が存在していることが分かった．

本章で考察するモデルでは，都市内の各敷地の土地利用は，K 種類の土地利用のいずれかになるとする．また，数学的検討を容易にするため，都市が空間的に一様で各敷地は L 個の隣接敷地より影響を受けると想定して議論をすすめる．

土地利用の種類が増えるとこれまでの表記方法は複雑になりすぎる．そこで，都市状態の記述を以下のように変更する．すなわち，都市内の用途が p の敷地の数を n_p とし，隣接する2敷地で片方が用途 p で他方が用途 q のペアの数を n_{pq} とする．

6.2.2 E関数の一般化

用途が2種類の場合のE関数は，第4章で検討したように，

$$E(x) = -c_2 \sum_{(i,j) \in B} x_i x_j - c_1 \sum_{i=1}^{n} x_i \tag{4.2}$$

という形で与えられた．上式第1項における $(i,j) \in B$ という表記は敷地 i と j が影響しあう関係にあることを意味しボンドと呼ばれていた．具体的には敷地 i と j が隣接していることを想定している．したがって，第1項は，隣接する敷地で用途が一致するとき1，不一致のとき−1となるものの総和であるので，隣接敷地の用途組合せの数で決まる量であることが分かる．第2項は各敷地で

発生する不利益の総和を意味し，結果として E 関数は，土地利用パターンの持つ不利益を表している．物理学とのアナロジーでは，位置エネルギーに相当し，より小さくなるように運動するように，都市の状態も E 関数が減少するように変化する．

E 関数を一般化することを考える．第 1 項は，隣接敷地の用途の組合せで決まる量であり，第 2 項は各用途の敷地数で決まる量である．したがって，第 1 項の係数 c_2 に相当する用途 p と用途 q の場合の係数を c_{pq} とすると，

$$-\frac{L}{2}\sum_{p=1}^{K}\sum_{q=1}^{K}c_{pq}n_{pq}$$

と表現できる．L/2 となっているのはひとつのペアを p と q の和でダブルカウントするためである．第 2 項は係数 c_1 に相当する用途 p の係数を c_p とすると，

$$-\sum_{p=1}^{K}c_p n_p$$

となる．したがって，用途が p の敷地数が n_p，隣接する 2 敷地で片方が用途 p で他方が用途 q のペアの数が n_{pq} のときの E 関数は以下のように表現できることが分かる．

$$E(\{n_p\},\{n_{pq}\})=-\frac{L}{2}\sum_{p=1}^{K}\sum_{q=1}^{K}c_{pq}n_{pq}-\sum_{p=1}^{K}c_p n_p \tag{6.1a}$$

また，用途が p の敷地の比率 $y_p(=n_p/n)$，隣接する 2 敷地で片方が用途 p で他方が用途 q のペアの比率 $y_{pq}(=n_{pq}/n)$ を用いて E 関数を表すと以下のようになる．

$$E(n,\{y_p\},\{y_{pq}\})=-\frac{nL}{2}\sum_{p=1}^{K}\sum_{q=1}^{K}c_{pq}y_{pq}-n\sum_{p=1}^{K}c_p y_q \tag{6.1b}$$

6.2.3 アンサンブルと場合の数

母集団から M 個のサンプルを抽出し,このサンプルの集合をアンサンブルと呼ぶ. M 個のサンプルのうち,用途が p のものの比率が y_p となるアンサンブルができる仕方の数は,

$$N(M, \{y_p\}) = {}_M C_{M-My_1} \cdot {}_{M-My_1}C_{M-My_1-My_2} \cdots {}_{M-My_1-\cdots-My_{K-1}}C_{M-My_1-\cdots-My_K}$$

$$= \frac{M!}{(My_1)!(M-My_1)!} \frac{(M-My_1)!}{(My_2)!(M-My_1-My_2)!} \cdots$$

$$\cdots \frac{(M-My_1-\cdots-My_{K-1})!}{(My_K)!(M-My_1-\cdots-My_K)!}$$

であるので,

$$N(M, \{y_p\}) = \frac{M!}{\prod_{p=1}^{K}(My_{pq})!} \tag{6.2}$$

となる.

同様にして,ふたつの敷地のペアを1サンプルとして M 個のサンプルよりなるアンサンブルを構成し,2敷地で片方が用途 p で他方が用途 q のペアの比率が y_{pq} となる場合の数は,

$$N(M, \{y_{pq}\}) = \frac{M!}{\prod_{p=1}^{K}\prod_{q=1}^{K}(My_{pq})!} \tag{6.3}$$

である.ここで,上記のアンサンブルでは,ペアの片方が用途 p である比率を y_p とすると,

$$My_p = \sum_{q=1}^{K} My_{pq}, \quad My_q = \sum_{p=1}^{K} My_{pq} \tag{6.4a}$$

であり,

$$y_p = \sum_{q=1}^{K} y_{pq}, \quad y_q = \sum_{p=1}^{K} y_{pq} \tag{6.4b}$$

であることに注意する.

上記の敷地ペアのアンサンブルを作る仕方の数を，別の考え方で計算する方法を考えておく．ペアの片方を用途 p である比率を y_p として M 個作り，これと独立にペアの他方を同じ比率で作る．この M 個のペアのアンサンブルを作る仕方は，

$$N(M, \{y_p\}) \times N(M, \{y_p\})$$

である．しかし，このアンサンブルでは，ペアの片方ともう片方を独立に選択しているので，片方が用途 p で他方が用途 q となるペアの比率は y_{pq} に一致しない．そこで，独立に選択したときの補正量を以下の式を満足するものとして定義する．

$$(N(M, \{y_p\}))^2 \times \theta(M, \{y_p\}, \{y_{pq}\}) = N(M, \{y_{pq}\}) \tag{6.5}$$

この補正量は，(6.2), (6.3) 式より，以下のようになる．

$$\theta(M, \{y_p\}, \{y_{pq}\}) = \frac{N(M, \{y_{pq}\})}{(N(M, \{y_p\}))^2} = \frac{\left(\prod_{p=1}^{K} (My_p)!\right)^2}{M! \prod_{p=1}^{K} \prod_{q=1}^{K} (My_p)!} \tag{6.6}$$

6.2.4 都市のアンサンブルと場合の数

上記では，ひとつの敷地を 1 サンプルとして M 個のサンプルよりなるアンサンブルと，ふたつの敷地ペアを 1 サンプルとして M 個のサンプルよりなるアンサンブルを考察した．ここでは，n 個の敷地の組を 1 サンプルとして M 個のサンプルよりなるアンサンブルについて検討する．

各敷地は L 個の敷地と隣接しているとする．アンサンブルにおける用途が p

のものの比率はy_pで，隣接する2敷地で片方が用途pで他方が用途qのペアの比率がy_{pq}となるアンサンブルを考える．

このようなアンサンブルが作られる仕方の数を求める．この計算では，前項の最後に行ったように，用途がpのものの比率がy_pになるように1番目の敷地の用途を選択し，M個のサンプルの第1要素を決める．これを独立にn回繰り返すことで，敷地間の関係が独立なn個の敷地の都市を1サンプルとする，Mサンプルのアンサンブルを構成する．このアンサンブルでは，隣接する敷地ペアが用途pと用途qとなる比率がy_{pq}とならないので，アンサンブル中の隣接敷地ペアのすべて（1敷地にL個の隣接敷地があるのでn個の敷地ではダブルカウントに注意すると$nL/2$の隣接敷地ペアがあり，これがMサンプルあるので，アンサンブル中，$M \times nL/2$個の隣接敷地ペアがある）に補正をする必要がある．

独立にM個のサンプルを選ぶことをn回繰り返す場合の数は，前項の表記を用いて，

$$(N(M, \{y_p\}))^n$$

であり，M個のペアについての補正である$\theta(M, \{y_k\}, \{y_{kl}\})$を用いると，全補正量は，

$$(\theta(M, \{y_p\}, \{y_{pq}\}))^{nL/2}$$

となる．すなわち，用途がpのものの比率がy_pで，隣接する2敷地で片方が用途pで他方が用途qのペアの比率がy_{pq}となるアンサンブルを作る仕方の数は以下のようになる．

$$N(n, M, \{y_p\}, \{y_{pq}\}) = (N(M, \{y_p\}))^n \cdot (\theta(M, \{y_p\}, \{y_{pq}\}))^{nL/2} \quad (6.7)$$

6.2.5 場合の数とE－エントロピー

E－エントロピーは，E関数の値がEとなる場合の数の対数に定数kをかけたものとして定義されていた．E関数の値は都市の土地利用パターンによる不利益を表していたので，E－エントロピーは，不利益の程度がEとなる可能性

（場合の数）を表していると解釈できる．

前項では M 個の都市のアンサンブルの場合の数なので，E 関数の値が E となる用途が p のものの比率が y_p で，隣接する 2 敷地で片方が用途 p で他方が用途 q のペアの比率が y_{pq} となる都市ひとつ当たりの E－エントロピーは，

$$S = \frac{k}{M} \ln N(n, M, \{y_p\}, \{y_{pq}\}) \tag{6.8}$$

となる．

(6.7) 式の結果から，以下のようになる．

$$S = \frac{kn}{M} \ln N(M, \{y_p\}) + \frac{knL}{2M} \ln \theta(M, \{y_p\}, \{y_{pq}\}) \tag{6.9}$$

上式第 1 項を (6.3) 式を用いて計算しておく．

$$Q = \frac{kn}{M} \ln N(M, \{y_p\}) = \frac{kn}{M} \ln \frac{M!}{\prod_{p=1}^{K} (M y_p)!} \tag{6.10}$$

スターリングの近似公式

$$\ln x! \cong x \ln x - x \tag{6.11}$$

を用いて，

$$Q = \frac{kn}{M} \left\{ M \ln M - M - \sum_{p=1}^{n} (M y_p \ln M y_p - M y_p) \right\} \tag{6.12}$$

となる．比率 y_p については和が 1 となること，つまり，

$$\sum_{p=1}^{n} y_p = 1 \tag{6.13}$$

であることから，

$$Q = kn \left\{ \ln M - \sum_{p=1}^{K} y_p \ln M y_p \right\}$$

$$= kn \left\{ \ln M - \sum_{p=1}^{K} y_p \ln M - \sum_{p=1}^{K} y_p \ln y_p \right\}$$

$$= -kn\sum_{p=1}^{K} y_p \ln y_p \tag{6.14}$$

となる．

(6.9) 式第 2 項については，(6.6) 式の結果を用いて，

$$R = \frac{knL}{2M} \ln \theta(M, \{y_p\}, \{y_{pq}\}) = \frac{knL}{2M} \ln \frac{\left(\prod_{p=1}^{K} (My_p)!\right)^2}{M! \prod_{p=1}^{K} \prod_{q=1}^{K} (My_{pq})!} \tag{6.15}$$

となり，これをスターリングの公式を用いて計算し，

$$R = \frac{knL}{2M} \left\{ 2 \sum_{p=1}^{K} (My_p \ln My_p - My_p) \right.$$
$$\left. -M \ln M + M - \sum_{p=1}^{K} \sum_{q=1}^{K} (My_{pq} \ln My_{pq} - My_{qp}) \right\} \tag{6.16}$$

となる．(6.4) および (6.13) 式を考慮すると，

$$R = \frac{knL}{2} \left\{ 2 \sum_{p=1}^{K} y_p \ln y_p - \sum_{p=1}^{K} \sum_{q=1}^{K} y_{pq} \ln y_{pq} \right\} \tag{6.17}$$

となる．

以上の結果 (6.14) および (6.17) 式を用いると求める E－エントロピーは，次のようになる．

$$S = -kn \left\{ \frac{L}{2} \sum_{p=1}^{K} \sum_{q=1}^{K} y_{pq} \ln y_{pq} + (1-L) \sum_{p=1}^{K} y_p \ln y_p \right\} \tag{6.18}$$

6.2.6 一般化一様空間モデルのF関数

F関数は，第3章で示されたように，

$$F = E - \frac{S}{k\beta} \tag{3.12}$$

で与えられる．

物理学との類比では，E関数がエネルギー，E-エントロピーがエントロピー，係数βが温度の逆数に対応しており，F関数はヘルムホルツの自由エネルギーに相当している．自由エネルギーは極小化されるが，極めて類似した現象でF関数も極小化することが示されている．土地利用パターンによる不利益を表すE関数が減少する傾向を持ち，E-エントロピーで表される土地利用パターンの可能性（場合の数）は増大の方向に変化するので(3.12)式の第1項は減少，増大傾向のE-エントロピーに負符号がついた第2項も減少し，結果としてF関数も極小化されるのである．

また，(3.12)式中の係数kはE関数とE-エントロピーの単位を調整するパラメータにすぎないが，係数βは外生的に決まる都市の性質を表している．係数βの値が小さいとき，(3.12)式のF関数はE-エントロピーに依存するのでランダムな土地利用になる．資金が不動産市場に潤沢に投入され乱開発が生じる状況で，土地利用変化は激しく現状の土地利用を無視したような状況に近い．したがって，係数βは，都市の非活性化を表すパラメータと解釈できる．

一般化したF関数は，(6.1)式および(6.18)式を代入することで，以下のようになる．

$$F = -\frac{nL}{2}\sum_{p=1}^{K}\sum_{q=1}^{K} c_{pq} y_{pq} - n\sum_{p=1}^{K} c_p y_p \\ + \frac{n}{\beta}\left\{\frac{L}{2}\sum_{p=1}^{K}\sum_{q=1}^{K} y_{pq} \ln y_{pq} + (1-L)\sum_{p=1}^{K} y_p \ln y_p \right\} \tag{6.19}$$

6.3 F関数の極小化解析

6.3.1 F関数の極小条件

F関数を極小化する状態で均衡するので，都市の均衡状態を求めるためには（6.19）式で与えられたF関数の極小化条件を求める．少しでも見通しをよくするため，（6.19）式を以下のように対称的に表現しておく．

$$F = -\frac{nL}{2}\sum_{p=1}^{K}\sum_{q=1}^{K}c_{pq}y_{pq} - \frac{n}{2}\sum_{p=1}^{K}c_{p}y_{p} - \frac{n}{2}\sum_{q=1}^{K}c_{q}y_{q}$$
$$+ \frac{n}{\beta}\left\{\frac{L}{2}\sum_{p=1}^{K}\sum_{q=1}^{K}y_{pq}\ln y_{pq} + \frac{(1-L)}{2}\sum_{p=1}^{K}y_{p}\ln y_{p} + \frac{(1-L)}{2}\sum_{q=1}^{K}y_{q}\ln y_{q}\right\}$$
(6.20)

ここで，変数 y_{pq} が定まると（6.4b）式より変数 y_p が定まるので，以下では K^2 個の変数 y_{pq} を独立変量と考える．しかし，（6.4b）式と（6.13）式から以下の制約条件が存在している．

$$\sum_{p=1}^{K}\sum_{q=1}^{K}y_{pq} = 1 \tag{6.21}$$

この制約のもとで（6.20）式のF関数を極小化するような変量 y_{pq} の値となる場合に都市の均衡状態が実現する．制約条件つきの極小化を実行するためにラグランジュ乗数法を用いる．つまり，

$$\Lambda = F - \lambda\left(1 - \sum_{p=1}^{K}\sum_{q=1}^{K}y_{pq}\right) \tag{6.22}$$

とおいて，

$$\frac{\partial \Lambda}{\partial y_{ij}} = 0 \tag{6.23}$$

を求める．実際に（6.4b）式が成立していることに注意して上式を計算する

と，以下のようになる．

$$\frac{nL}{2\beta}\left\{\ln y_{ij}-\frac{L-1}{L}\ln y_i y_j-\beta c_{ij}-\frac{\beta(c_i+c_j)}{L}-\frac{L-2}{L}\right\}-\lambda=0 \quad (6.24)$$

この式から以下の極小化条件式が得られる．

$$y_{ij}=\exp\left[\frac{L-2}{L}+\frac{2\beta\lambda}{nL}\right]\exp\left[\frac{\beta c_i}{L}\right]\exp\left[\frac{\beta c_j}{L}\right]\exp[\beta c_{ij}][y_i y_j]^{\frac{L-1}{L}} \quad (6.25)$$

この式は右辺の変量 y_i に変量 y_{ij} が含まれているため解けているわけではないが，多くの定性的性質が読み取れるのと同時に，数値解を特定できるために，極めて有用である．

6.3.2 土地利用の均衡解の数値解法

分かりやすくするため，(6.25) 式を，

$$y_{ij}=A\exp\left[\frac{\beta c_i}{L}\right]\exp\left[\frac{\beta c_j}{L}\right]\exp[\beta c_{ij}](y_i y_j)^{\frac{L-1}{L}} \quad (6.26)$$

と書き直しておく．

制約条件 (6.21) 式から，

$$\sum_{i=1}^{K}\sum_{j=1}^{K}A\exp\left[\frac{\beta c_i}{L}\right]\exp\left[\frac{\beta c_j}{L}\right]\exp[\beta c_{ij}](y_i y_j)^{\frac{L-1}{L}}=1$$

である．すなわち，

$$A^{-1}=\sum_{p=1}^{K}\sum_{q=1}^{K}\exp\left[\frac{\beta c_p}{L}\right]\exp\left[\frac{\beta c_q}{L}\right]\exp[\beta c_{pq}](y_p y_q)^{\frac{L-1}{L}} \quad (6.27)$$

である．このことから，各土地利用の比率 y_i が定まれば，パラメータ A が定まり，さらに (6.26) より y_{ij} が定まることがわかる．

変量 y_{ij} の値が定まると，条件 (6.4b) により，

$$y_i=\sum_{j=1}^{K}y_{ij}$$

が定まる.

　数値解法の基本アイデアは,上記の繰り返し手続きによりF関数の極小化を行い土地利用の均衡解を求めようとするものである.以下に,この繰り返し計算の方法を明確化するため,繰り返し計算の各ステップのはじめに与えられる変量は今まで通りに表し,1ステップで計算される変量にはハット記号をつけて表すことにする.したがって,上記の(6.26),(6.27)式は

$$\hat{y}_{ij} = \frac{\exp\left[\dfrac{\beta c_i}{L}\right]\exp\left[\dfrac{\beta c_j}{L}\right]\exp[\beta c_{ij}](y_i y_j)^{\frac{L-1}{L}}}{\displaystyle\sum_{p=1}^{K}\sum_{q=1}^{K}\exp\left[\dfrac{\beta c_p}{L}\right]\exp\left[\dfrac{\beta c_q}{L}\right]\exp[\beta c_{pq}][y_p y_q]^{\frac{L-1}{L}}} \quad (6.28)$$

という計算式となる.また,条件(6.4b)により計算される新たな土地利用比率は,

$$\hat{y}_i = \sum_{j=1}^{K} \hat{y}_{ij} \quad (6.29)$$

という計算式になる.この2つの計算式により,与えられた土地利用比率y_iは計算値$\hat{y}_i$に改変される.得られた計算値をもとに上記計算を繰り返していくというのが,本研究で提案するアルゴリズムであり,これによりF関数の極小化を行い土地利用の均衡解を得ることができる.

　また,(6.28)式は以下の関係式が成立していることを含意している.

$$\sum_{i=1}^{K}\sum_{j=1}^{K} \hat{y}_{ij} = 1 \quad (6.28\text{b})$$

　以下では,上記の繰り返しにより,実際にF関数が減少していくことを証明しておきたい.

　まず,計算式(6.28)は,(6.26),(6.27)式から得たものであり,(6.26)式が(6.25)式を書き換えたものであり,さらに(6.25)式は(6.24)式より得られたので,計算値$\hat{y}_{ij}$は,次の条件を満足している.

$$\phi_{ij} = \frac{nL}{2\beta}\left\{\ln \hat{y}_{ij} - \frac{L-1}{L}\ln y_i y_j - \beta c_{ij} - \frac{\beta(c_i+c_j)}{L} - \frac{L-2}{L}\right\} - \lambda = 0 \quad (6.30)$$

以下,やや技巧的計算となるが,上式より常に0となる以下の量を導入しておく.

$$\sum_{i=1}^{K}\sum_{j=1}^{K} y_{ij}\phi_{ij} = \frac{nL}{2\beta}\sum_{i=1}^{K}\sum_{j=1}^{K} y_{ij}\ln \hat{y}_i - \frac{n(L-1)}{2\beta}\sum_{i=1}^{K}\sum_{j=1}^{K} y_{ij}\ln y_i y_j$$

$$-\frac{nL}{2}\sum_{i=1}^{K}\sum_{j=1}^{K} c_{ij}y_{ij} - \frac{n}{2}\sum_{i=1}^{K}\sum_{j=1}^{K}(c_i+c_j)y_{ij}$$

$$-\left(\frac{L-2}{2\beta}+\lambda\right)\sum_{i=1}^{K}\sum_{j=1}^{K} y_{ij} \quad (6.31)$$

(6.4b)および(6.21)式を用いて書き直すと,以下のように計算できる.

$$\sum_{i=1}^{K}\sum_{j=1}^{K} y_{ij}\phi_{ij} = -\frac{nL}{2}\sum_{i=1}^{K}\sum_{j=1}^{K} c_{ij}y_{ij} - \frac{n}{2}\sum_{i=1}^{K} c_i y_i - \frac{n}{2}\sum_{j=1}^{K} c_j y_j$$

$$+\frac{nL}{2\beta}\sum_{i=1}^{K}\sum_{j=1}^{K} y_{ij}\ln \hat{y}_{ij} + \frac{n(1-L)}{2\beta}\sum_{i=1}^{K} y_i \ln y_i$$

$$+\frac{n(1-L)}{2\beta}\sum_{j=1}^{K} y_j \ln y_j - \left(\frac{L-2}{2\beta}+\lambda\right) \quad (6.32)$$

繰り返し計算の各ステップにおける初期でのラグランジュアンΛに常に0の値を持つ上式を差し引くことで,繰り返し計算の各ステップ初期のラグランジュアンΛは以下のように単純に表記できる.

$$\Lambda = \Lambda - \sum_{i=1}^{K}\sum_{j=1}^{K} y_{ij}\phi_{ij}$$

$$= \frac{nL}{2\beta}\sum_{k=1}^{K}\sum_{l=1}^{K} y_{kl}\ln y_{kl} - \frac{nL}{2\beta}\sum_{i=1}^{K}\sum_{j=1}^{K} y_{ij}\ln \hat{y}_{ij} + \frac{L-2}{2\beta} + \lambda$$

$$= \frac{nL}{2\beta} \sum_{i=1}^{K} \sum_{j=1}^{K} y_{ij} \ln \frac{y_{ij}}{\hat{y}_{ij}} + \frac{L-2}{2\beta} + \lambda \tag{6.33}$$

同様のアイデアにより繰り返し計算の1ステップの計算後で得られるラグランジュアンを求める．まず，常に0となる以下の変量を導入する．

$$\sum_{i=1}^{K} \sum_{j=1}^{K} \hat{y}_{ij} \phi_{ij} = \frac{nL}{2\beta} \sum_{i=1}^{K} \sum_{j=1}^{K} \hat{y}_{ij} \ln \hat{y}_{ij} - \frac{n(L-1)}{2\beta} \sum_{i=1}^{K} \sum_{j=1}^{K} \hat{y}_{ij} \ln y_i y_j$$

$$- \frac{nL}{2} \sum_{i=1}^{K} \sum_{j=1}^{K} c_{ij} \hat{y}_{ij} - \frac{n}{2} \sum_{i=1}^{K} \sum_{j=1}^{K} (c_i + c_j) \hat{y}_{ij}$$

$$- \left(\frac{L-2}{2\beta} + \lambda \right) \sum_{i=1}^{K} \sum_{j=1}^{K} \hat{y}_{ij} \tag{6.34}$$

1ステップの計算後のラグランジュアン（これは（6.22）式およびそこで用いられるF関数を表す（6.20）式において，変量 y_i, y_{ij} は繰り返し計算後の変量 $\hat{y}_i, \hat{y}_{ij}$ を用いて計算されるものである）に，常に0である上式を差し引き，(6.28b)式および（6.29）式を用いて整理すると，以下の結果を得る．

$$\hat{\Lambda} = \hat{\Lambda} - \sum_{i=1}^{K} \sum_{j=1}^{K} \hat{y}_{ij} \phi_{ij}$$

$$= -\frac{n(L-1)}{\beta} \sum_{i=1}^{K} \hat{y}_i \ln \frac{\hat{y}_i}{y_i} + \frac{L-2}{2\beta} + \lambda \tag{6.35}$$

上で得られた繰り返し計算の各ステップの計算の前後のラグランジュアンの差を見ると以下のようになる．

$$\hat{\Lambda} - \Lambda = -\frac{nL}{2\beta} \sum_{i=1}^{K} \sum_{j=1}^{K} y_{ij} \ln \frac{y_{ij}}{\hat{y}_{ij}} - \frac{n(L-1)}{\beta} \sum_{i=1}^{K} \hat{y}_i \ln \frac{\hat{y}_i}{y_i} \tag{6.36}$$

ここで，(6.21), (6.28b)式および (6.4b), (6.29)式を用いて上式は次のように変形できる．

$$\hat{\Lambda} - \Lambda = -\frac{nL}{2\beta}\sum_{i=1}^{K}\sum_{j=1}^{K}\left(y_{ij}\ln\frac{y_{ij}}{\hat{y}_{ij}} + \hat{y}_{ij} - y_{ij}\right)$$
$$-\frac{n(1-L)}{\beta}\sum_{i=1}^{K}\left(\hat{y}_i\ln\frac{\hat{y}_i}{y_i} + y_i - \hat{y}_i\right) \tag{6.37}$$

ところで，容易に証明できるギップスの補題としばしば呼ばれる次の公式

$$p\ln\frac{q}{p} + q - p \geq 0 \tag{6.38}$$

から (37) 式の和の中の各項は非負であり和の外側の係数が負であるので，

$$\hat{\Lambda} - \Lambda \leq 0 \tag{6.39}$$

が証明できたことになる．

(6.22) 式で表されるラグランジュアンにおいて制約条件を表す λ を係数とする項は，上記の繰り返し計算中は (6.21), (6.28b) 式が満足されているので常に 0 となる．したがって，(6.39) 式の成立は，F関数が繰り返し計算により減少することがあっても増加することはないことを保証している．

6.3.3 土地利用比率の力学系

前項で示した繰り返し計算は，土地利用比率 y_i が次々に変化していく過程とみなせる．この事実は，数学的には，土地利用比率 y_i のベクトル

$$y = (y_i, y_2, \cdots, y_K) \in Y$$

に定義された写像（関数）

$$f: Y \to Y$$

が定まり，

$$y \to f(y) \to f(f(x)) \to f(f(f(x)))$$

という過程が定まったということであり，空間 Y 上に力学系 f が定義されたということになる．

写像 f を具体的に表すと，(6.28) 式より，

$$f(y) = (f_1(y), f_2(y), \cdots, f_K(y)) \tag{6.40a}$$

$$f_i(y) = \frac{\sum_{j=1}^{K} \exp\left[\frac{\beta c_i}{L}\right] \exp\left[\frac{\beta c_j}{L}\right] \exp[\beta c_{ij}] (y_i y_j)^{\frac{L-1}{L}}}{\sum_{p=1}^{K} \sum_{q=1}^{K} \exp\left[\frac{\beta c_p}{L}\right] \exp\left[\frac{\beta c_q}{L}\right] \exp[\beta c_{pq}] (y_p y_q)^{\frac{L-1}{L}}} \tag{6.40b}$$

となる．

この写像を用いると，任意の土地利用状態においてどのように変化するかが分かる．土地利用が3種の場合に，パラメータの値を具体的に与えて，上記の写像を描いたものが図6-1である．横軸に土地利用1の比率，縦軸に土地利用2の比率が描かれている（土地利用3の比率は1から土地利用1と土地利用2の比率を差し引いたものである）．

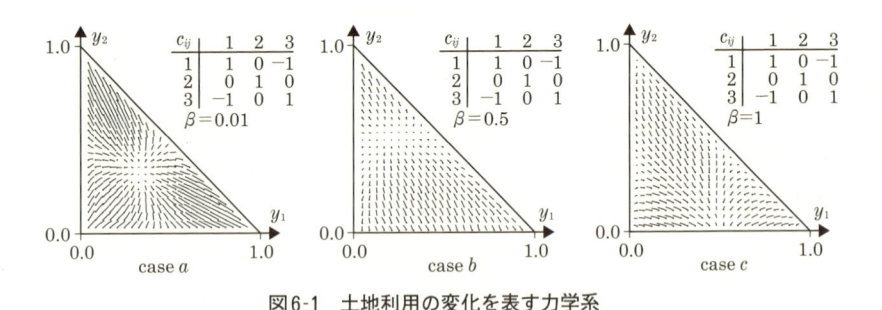

図6-1 土地利用の変化を表す力学系

6.3.4 パラメータの値とF関数の構造

土地利用が2種の場合については，パラメータの変化に伴うF関数の構造変化を理論的に解明でき，

① βが小さい都市が活性状態の場合には，ふたつの用途は半々で都市内にランダムに配置される．

② βが大きい都市が不活発な状態の場合には，2種の用途比率は偏ったも

のに落ち着く．均衡解は2つある．
という事実などが証明された．

3種以上の土地利用の場合には，上記のような理論的解明は困難であるが，土地利用の力学系を図6-1のように図示することで同様の事実が判明する．図6-1のcase a ではβが小さい（$\beta=0.01$）場合であり，このとき，土地利用比率y_1とy_2は1/3に近づいていくことが分かる．つまり，都市が活性化されている場合には，他のパラメータによらず用途比率が等分されたランダムな状態に均衡する．βを徐々に増加させていくと図6-1のcase b, cのようになる．$\beta=0.5$の付近では，均衡比率はほぼ$y_1=y_3=0.25, y_2=0.5$程度になっており，偏ったところで均衡している．さらに，βを増加させて$\beta=1$とした場合には，均衡解は複数になり，初期値で$y_1>0.5$の場合にはほぼ$y_1=1$に近い均衡解に至るが，$y_1<0.5$（$y_3<0.5$）の場合にはほぼ$y_2=1$に近い均衡解に至ることがわかる．

以上の数値解析の結果は，理論的な解析が及ばない複雑な場合でも理論解析で得られた基本的傾向が成立していることを示唆しており，さらに，今後パラメータ推定等の技術が得られれば，上記の数値解析によって具体的な均衡解析が可能となることを示している．

本章では，これまで土地利用用途が2種類であったモデルを3種以上の土地利用の場合へと確率論的モデルを拡張，再定式化した．

理論的解析は制約を受けるものの，数値解析方法を開発し，これを用いて，従来の2用途モデルでの理論的結果と類似した結果が得られることを確認した．

第7章　土地利用連担性の自然形成理論

本章では，2値状態都市モデルを用いて，これまでのような用途を指定して規制するという方法ではない都市形態形成の方策を検討する．

理論的に，均衡状態では連担性の高い状態が出現することを示し，このことから，土地利用規制なしのゾーニング形成の可能性が示される．

さらに，シミュレーション分析により，都市は本来同種の用途のものが集まってゆき塊を形成するということ，都市全域ではなく一部の地域のみを規制するだけでも都市全体の用途地域分布をコントロールしうることを確認できる．

7.1　用途規制なしの土地利用形態

都市計画において，望ましい都市形態を実現する方法として，大きく分けると，具体的な事業によって計画地を開発ないし再開発するものと，「規制と誘導」による都市計画行政の運用によるものがあげられる．前者の直接的な実現化に比べると後者は間接的な方法と言える．さらに，後者は，用途指定のように明確に実現対象の範囲を法によって限定する規制型のものと，地域住民や民間企業にインセンティヴを与えて誘導してゆくものを区別することができる．規制型の方法に比べると誘導型の方法は実現効果が明瞭とは言いがたい面もある．また，この誘導型方法についての組織だった研究が充分になされていない

のが現状である.

本章では上記の視点にたって,必ずしも現行のような用途規制に限定せずに土地利用がより望ましい状態を実現するメカニズムを理論的に解明することを目的とする.本章では用途を2種に限定し,できるかぎり理論解析により定性的な結果を得ることを試み,理論的に示すことが困難な結果をシミュレーション解析によっている.

7.2 確率論的2状態都市モデルの概要

以下,第2章で定式化したモデルを2状態都市モデルと呼び,これを基礎にして議論を展開したい.いくつかの仮定をおくことで,一層有用な知見を単純明瞭な議論で引き出すことが可能となる.既に第2章で導入された仮定をさらにその表現を簡単化して以下のように整理しておく.

仮定1:線形近似可能性

$$d_i(x) = c_i + \sum_{j=1}^{n} c_{ij} x_j \tag{7.1}$$

これは,確定的効用関数が重回帰モデルのように線形近似可能であることを意味している.また,第1項は,地点 i 固有のインセンティヴ,つまり,敷地 i から得られる利益を表し,第2項は他の地点からの影響から生じる敷地 i の所有者が受けるインセンティヴ,つまり地点 j の土地利用が1であったときには c_{ij} の利益を受け,地点 j の土地利用が−1であったときには $-c_{ij}$ の利益を受けることを表している.第1項の値は,地点 i に課税あるいは経済的優遇措置をすることで変化させることが原理的に可能である.

仮定 2：距離依存性

$$c_{ij} = f(L_{ij}) \tag{7.2}$$

これは，地点 j の土地利用が地点 i での利益に与える利益増分 c_{ij} が，両地点からの距離 L_{ij} の関数となることを意味している．この距離依存性は多くの都市データで観測されている．この概念を計測可能な形で厳密に議論したものとして，青木[6] の空間影響関数があり，これは空間相関関数から決定される．この空間相関関数はさまざまな都市データで計測されているが，たとえば，飯塚等[17] では (7.1)，(7.2) 式が成立していることを示している．

この仮定のもとでは，距離の対称性から，

$$c_{ij} = f(L_{ij}) = f(L_{ji}) = c_{ji} \tag{7.3}$$

が成立している．また，仮定 1 および 2 を合わせて『線形対称性』を有すると言う．

仮定 3：強外部性

$$c_{ii} = 0 \tag{7.4}$$

この仮定は，各地点の状態が周囲の状態に依存して決まってゆくことを意味している．

これらの仮定のもとで，E 関数と呼ぶ次の関数が存在して，E 関数の値が小さい状態ほど出現確率が高くなっていることが示されている．

$$E(x) = -\frac{1}{\beta} \sum_{i=1}^{n} c_i x_i - \frac{1}{\beta} \sum_{i=1}^{n} \sum_{j=1}^{n} c_{ij} x_i x_j \tag{2.26}$$

しかし，パラメータ β は，本章の議論では本質的ではなく定数と考えてよいことから，パラメータ c_i と c_{ij} の単位の中に組み込み省略することにする．また，第 1 項は各土地へ与えられた効用を表しているので，以下の空間的に一様で偏った効用が与えられていない自然状態での土地利用を議論する場合の E 関数は，次のように単純化される．

$$E(x) = -\sum_{i=1}^{n}\sum_{j=1}^{n} c_{ij} x_i x_j \tag{7.5}$$

さらに本章では，次を仮定しておく．

仮定4：相互影響の距離減衰性

$$\frac{\partial}{\partial L} f(L) < 0 \tag{7.6}$$

7.3 連担性の指標

7.3.1 土地利用についての地点間一致性尺度

用途地域の指定のように，同種の用途を連担させることが，規制型の都市計画の基本になるが，本章では，このような規制で達成することを民間や住民の自主的な活動の結果によっても誘導できることを示すために，最初に，連担性の指標を作成しておきたい．まず，その第1歩として，2地域の土地利用の一致性を表す方法から検討する．

前項で述べたわれわれのモデルでは各敷地の状態は2種類で−1と1で記述されている．そこで，地点 i と j の状態について4通りの組合せがありえるが，次の関数 g は地点 i と j の状態が同じときに1となり異なるときには−1となる．

$$g(x_i, x_j) = x_i x_j \tag{7.7}$$

この関数を地点間の状態の一致性判定に活用する．

7.3.2 距離による地点ペアのクラス分け

都市内の地点間の距離は，さまざまな値となるが，

$$0 = d_0 < d_1 < d_2 < \cdots < d_{M-1} < d_M = \infty \tag{7.8}$$

という M 個の値で区切り，距離が L_{ij} の地点のペア (i, j) を以下のようにクラ

ス分けする.

$$(i,j) \in D_k \text{ if } d_{k-1} \leq L_{ij} < d_k \tag{7.9}$$

以下の議論のために，ペア (i,j) が距離クラス D_k に含まれているときにのみ1となり，その他の場合には0となる変数を次のように定義しておく.

$$\begin{aligned} s_k(i,j) &= 1 \text{ if}(i,j) \in D_k \\ &= 0 \text{ for others} \end{aligned} \tag{7.10}$$

7.3.3 連担性の評価式

上記の準備のもとで，連担性を評価する指標を構成することにしたい．連担性という言葉でわれわれが意図しているのは，近い距離にある2地点は同じ土地利用になっているということである．そこで，たとえば，隣接した地点間に注目してそれらの土地利用の一致性を評価するとしたら，上記の一番短い距離クラスにあるものどうしの土地利用の一致性なので，以下のように表される.

$$H(x) = \sum_{(i,j) \in D_1} g(x_i, x_j) = \sum_{i=1}^{n} \sum_{j=1}^{n} s_1(i,j) g(x_i, x_j) \tag{7.11}$$

この指標でもよいが，一般には隣接していなくとも近い地点どうしが同じ土地利用である場合でも，連担性があるという場合もありうるので，上式を一般化しておきたい．近い距離どうしは同じ土地利用になっているということをもっとも単純に表現すると，

$$H(x, \alpha) = \sum_{k=1}^{M} \alpha_k \left(\sum_{(i,j) \in D_k} g(x_i, x_j) \right) \tag{7.12a}$$

ただし，$\alpha = (\alpha_1, \alpha_2, \cdots, \alpha_M)$ で

$$\alpha_1 \geq \alpha_2 \geq \cdots \geq \alpha_M \tag{7.12b}$$

この α の不等式条件が，より近い地点どうしにウエイトをおいて評価しているということを意味している．条件を満足するものは無限にありうるが，α が

この条件の範囲であれば，上式はいずれも連担性を表していることになる．

7.4 連担性の変化

7.4.1 E関数の近似表現

連担性がどのように変化するかを調べるために，状態 x の関数でその値が小さいほど出現確率が高くなることが分かっているE関数をわれわれの表記法で記述しなおすことを最初に行う．

E関数の2次項の係数 c_{ij} に注目する．これは仮定から，地点 i, j の距離 L_{ij} のみの関数であるので，充分小さい距離きざみで距離クラス D_k を定義しておけば，各クラス内 D_k ではこの係数 c_{ij} は γ_k とみなすことができる．ここで，γ_k は仮定4)より，

$$\gamma_1 \geq \gamma_2 \geq \cdots \geq \gamma_M \tag{7.13}$$

を満足している．この γ_k を用いるとE関数の2次項は以下のように表現することも可能である．

$$\sum_{i=1}^{n}\sum_{j=1}^{n} c_{ij} x_i x_j = \sum_{i=1}^{n}\sum_{j=1}^{n}\sum_{k=1}^{M} \gamma_k S_k(i,j) x_i x_j \tag{7.14}$$

7.4.2 連担性とE関数

(7.14)式をさらに変形すると，

$$\sum_{i=1}^{n}\sum_{j=1}^{n} c_{ij} x_i x_j = \sum_{k=1}^{M} \gamma_k \left\{ \sum_{i=1}^{n}\sum_{j=1}^{n} S_k(i,j) x_i x_j \right\}$$

$$= \sum_{k=1}^{M} \gamma_k \left\{ \sum_{i=1}^{n}\sum_{j=1}^{n} S_k(i,j) g(x_i, x_j) \right\}$$

$$= \sum_{k=1}^{M} \gamma_k \left(\sum_{(i,j) \in D_k} g(x_i, x_j) \right)$$

となることから，連担性の定義（7.12）式より，

$$\sum_{i=1}^{n} \sum_{j=1}^{n} c_{ij} x_i x_j = H(x, \gamma) \qquad (7.15)$$

したがって，上式の右辺は連担性を表していることが分かる．逆にいえば，連担性は（7.5）式のE関数を用いて以下のように表すことができる．

$$H(x, \gamma) = -E(x) \qquad (7.16)$$

均衡状態では，E関数の値が小さい状態が出現しやすい．この事実と，上式の結果から極めて重要な以下の結果が得られる．

上記の準備のもとに，次の命題を得ることができる．

命題1：E関数が（7.5）式で与えられるとき，仮定1)～4)のもとで，均衡状態では，連担性が高い状態が出現する．

上記命題は，用途地区制のように各敷地の土地利用を規制することなしに，同種の土地利用のものが隣接してくるようになってくることを保証している．

7.5 シミュレーションによるゾーニング形成の確認

前項では，E関数が（7.5）式で与えられる場合に，連担性の高いゾーニングが用途規制なしに発生しうることを理論的に示したが，本項では，シミュレーション分析により検討しておきたい．

具体的な計算のために，都市空間を40×40の1600個の正方形地区よりなると想定し，各地区は用途1と用途-1のいずれかの土地利用状態とする．ただし，都市境界となる4辺のうち北辺と西辺の部分の土地利用は用途-1とし，

南辺と東辺の部分の土地利用は用途1としており,この周辺部以外の各地区の土地利用を変化させてゆくシミュレーションを行う.

初期状態は一様乱数により0.5の確率で決定し,図7-1のAのようになる.

時間の進行に伴う土地利用の変化は2章の(2.15)式による.つまり,ある地区 i が Δt 時間後に土地利用を変化させる確率は,

$$p = \frac{1}{n\{1+\exp[x_i(t)d_i(x(t))]\}} \tag{7.17}$$

で与えられる.また,各係数 c_i, c_{ij} は,定性的傾向を知る目的なので,以下では,都市地域全体(周辺部を除く)を均一一様と仮定し,無次元化して扱うこととした.

まず,用途1と用途-1を同等の可能性で発生するようにするため,係数 c_i は0とおいた.また,係数 c_{ij} は仮定4を満足する範囲で考え,東西南北と北東,東南,南西,西南に隣接する場合以外は0とした.さらに,東西南北に隣接する場合と,北東,東南,南西,西北に隣接する場合との影響の強さを,後者が前者の2分の1となるように調整した.

以上の準備のもとで,各地区の土地利用変化のシミュレーション計算を行い,結果を図示すると図7-1のA,B,C,Dのように変化してゆくことが分かる.ちなみに連担性指標の値を理論的最大値に対する比率で表したものを図下段に示した.この値でも連担性が時間経過に伴い単調に増加していることがわかる.

初期乱数およびパラメータの値を変化させても,パターンの変化の早い,遅いの違いはあるものの,形成されるパターンは類似した形状となる.つまり,図7-1のように北西部分に用途-1,南東部分に用途1の塊が形成される.これは,北辺と西辺が用途-1,南辺と東辺が用途1となるように境界条件を定めたことによる.図7-1の例では,いくつかの飛び地が見られるが,これは初期値つまり図7-1ではAの段階のランダム性によりできる場合とできない場合がある.

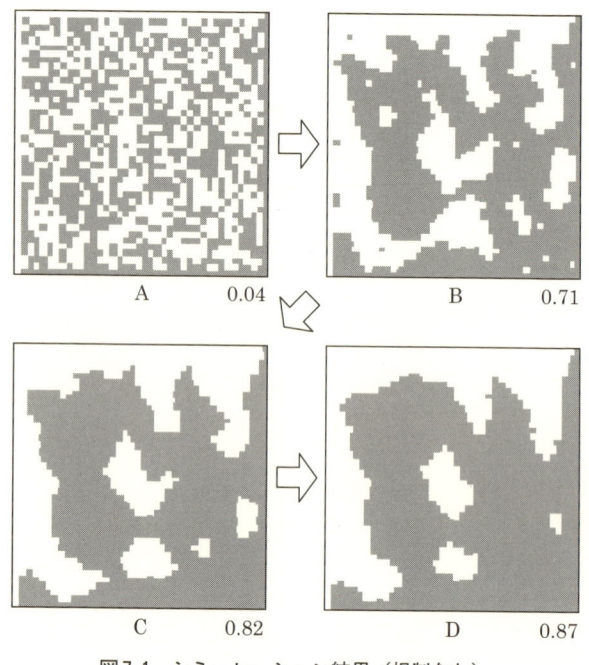

図7-1　シミュレーション結果（規制なし）

　各地区への課税や優遇措置ということを前提としなくとも，シミュレーション分析の結果では，同種の用途どうしが塊を形成すること，したがって，計画的な方策をしなくとも自然に同種の用途が集まりゾーニングと同じ効果をもたらす可能性のあることが分かる．

　上記のシミュレーションをわずかに変更し，北辺中央地点と西辺中央地点を結ぶ線上と，北辺東より4分の3の地点と西辺南より4分の3の地点を結ぶ線上の用途を−1と固定し，これと対称に，南辺中央地点と東辺中央地点を結ぶ線上と，南辺西より4分の3の地点と東辺北より4分の3の地点を結ぶ線上の用途を1と固定してシミュレーションを行った．この斜めの4本の線上だけを規制した場合に相当する．この場合の結果が図7-2である．前述の場合よりも塊の形成が早く，各用途のまとまりもはっきりしている．この結果は，都市全

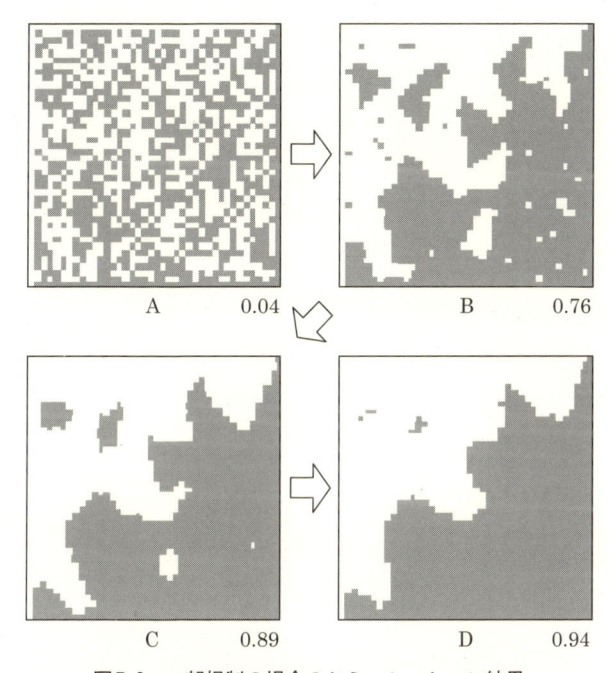

第7章　土地利用連担性の自然形成理論　93

A　0.04	B　0.76
C　0.89	D　0.94

図7-2　一部規制の場合のシミュレーション結果

域を規制するのではなく核となるような地点のみを規制するだけでも，都市全体の用途分布をコントロールしうる可能性を示唆している．

　本章では，2値状態都市モデルを用いて，これまでのような用途を指定して規制するという方法ではない都市形態形成の方策を検討してきた．

　均衡状態では連担性の高い状態が出現することを理論的に示した．このことから，土地利用規制なしのゾーニング形成の可能性が示された．

　さらに，シミュレーション分析により，都市は本来同種の用途のものが集まってゆき塊を形成するということ，都市全域ではなく一部の地域のみを規制するだけでも都市全体の用途地域分布をコントロールしうることを確認した．

　上記の2つの可能性は，しかしながら，実用的な意味での用途規制の不要性を示すものではない．というのは，上記の両可能性ともに，そのような都市形

成のスピードが実際にどのくらいの時間で達成されるのかを示していないからである.

　ただ,この可能性は,都市が持っている基本的性質であり,その性質に逆らった強引な計画を戒めるとともに,望ましい土地利用形態自体が地域住民や民間企業の私的活動の結果としても形成可能なのであり,地域住民や民間活動を視野に含んだ都市造りのあり方を示唆している.

第8章　土地利用パターンの復元性

　本章では，2値状態都市モデルを用いて，シミュレーションと数理的検討により，地震災害のような瞬間的な混乱以後の過程では，あたかも混乱直前の状態に復元していくような変化が起こりえることを示す．この復元のメカニズムの本質は同種の土地利用が隣接しやすいという隣接性条件にあることも明らかになる．

　この結果から，地震直後に，復元的な変化過程が起こることを念頭にして，この復元力を活用した被災前の都市パターンに近い復興プランの方が望ましいことを述べる．

8.1　都市の変化と復元性

　都市が刻々と変貌をとげていることに関連して「東京は，戦後の高度成長期は大きく変化したが，これに比べると，戦災や関東大震災の前後は思ったほど変化していない」と言われることがある．都市の変化をどんな尺度で規定するかによって，この言明の真偽は揺らぐであろうし，変化を各敷地の土地利用用途の変化に限定したとしても，具体的に各時点のデータを厳密に計測することは難しい．真偽はともかく，この言明は，戦災や震災によって生じる混乱がさほど都市を変化させないという事態が果して起こりえることなのかという興味を喚起させる．

一方，都市の土地利用変化を検討するために構築された確率的状態変化モデルを前提として，コンピュータシミュレーション実験を繰り返す段階で，先の言明の主張を裏付けるような現象が観察された．つまり，ある土地利用パターンの都市状態で，一瞬にして土地利用をランダムに乱しその後の変化パターンを観察すると，乱す以前の状態に復元してゆくことがしばしば起こる．これは，災害による一時的土地利用変化が，復興段階で以前の状態にもどっていくことのように思える．そこで，そのメカニズムを理論的に検討するとともに，その例をコンピュータシミュレーションで再現することを試み，都市計画上の意義について考察した．

8.2 確率論的2状態モデル

8.2.1 モデルの基本構造と単純化

確率論的2状態モデルは，2章で導入されたモデルであり，本章では，数学的展開を容易にするために，表記形式を若干変更して再構成しておく．

元のモデルでは，都市はn個の敷地よりなり，土地利用状態はn次元ベクトルで記述されていた．このままでは，後に述べるような土地利用の形態パターンが検討しにくいので，実際の都市空間のように，各敷地が最初から2次元空間に配置されているものと想定する．以下の数学的検討を簡潔にするため，都市は矩形メッシュ状に分割され，各メッシュの敷地の位置は東西南北の座標 (i,j) で表す．したがって，位置 (i,j) の時刻tでの土地利用状態を$x_{ij}(t)$，で表す．以下では，とくに時刻が問題にならない場合は時刻tを省略し単にx_{ij}と書く．本章の範囲でも，土地利用用途の種類は2種類というもっとも単純なケースを想定しておく．2種の用途を1および-1で表す．したがって，都市の状態は，以下のベクトル$x(t)$（これも時刻が問題とならないときは時刻tを省略しxと書く）で記述されることになる．

$$x = (x_{11}, x_{12}, \cdots, x_{1m}, x_{21}, x_{22}, \cdots, x_{m,m-2}, x_{m,m-1}, x_{m,m}) \tag{8.1}$$

where $x_{ij} = 1$ or -1

また，以下の議論のために，敷地 (i, j) のみが上記ベクトルと異なるベクトルを以下のように記す．

$$x[ij] = (x_{11}, x_{12}, \cdots, x_{i,j-1}, -x_{ij}, x_{i,j+1}, \cdots, x_{m,m-1}, x_{m,m}) \tag{8.2}$$

さらに，各地点間の影響が距離の増加とともに減少する場合には，次の E 関数と呼ばれる関数，

$$E(x) = -\sum_{ij} d_{ij} x_{ij} - \sum_{ij} \sum_{kl} c_{ijkl} x_{ij} x_{kl} \tag{8.3}$$

が存在し，次の確率分布で示される確率的均衡状態に収束することが示されている．

$$p(x) = \frac{\exp[-E(x)]}{Z}, \tag{8.4a}$$

where $Z = \sum \exp[-E(x)]$ \hfill (8.4b)

以下の議論を明快にするために，上記の一般モデルを，実際の都市ではほぼ成立していると思われる単純化した場合を検討することにしたい．

まず，敷地間の相互作用に関して，以下のように単純化する．

① 一様性：$c_{ijkl} = c$ for all $(i, j), (k, l)$ \hfill (8.5a)

② 近接性：
$c_{ijkl} = 0$ for $(k, l) \neq (i, j+1), (i, j-1), (i+1, j), (i-1, j)$ \hfill (8.5b)

③ 対称性：$c_{ijij} = 0$ for all (i, j) \hfill (8.5c)

④ 類似性：$c > 0$ \hfill (8.5d)

条件①はパラメータがどの場所でも同じとなること，つまり場所的特異性がないことを仮定している．②は隣接した敷地どうししか相互影響しないことを仮定しており，③は土地利用の類別の1と-1というのは単なる区別の記号であるので，記号を入れ換えても同じ結論となることを主張した仮定であり，④

は近接した土地利用は同じものとなる傾向が強いことを仮定している.

一方,各敷地の土地利用インセンティヴとしては,本来の地理的条件は同質でも,都市計画的観点から許認可による厳しい土地利用規制や課税・補助金による柔らかな誘導ができるので,敷地ごとに変化するものと考えることもできる.以下では敷地ごとの課税・補助金による誘導のみを想定し,次のように定式化しておく.

⑤ 誘導係数:d_{ij}=1 土地利用が1となるような誘導のとき

d_{ij}=0 誘導なし

d_{ij}=−1 土地利用が−1となるような誘導のとき

単純化されたモデルでは,これらの仮定のもとでは,先のE関数は以下のように単純化され,この値が小さい状態ほど出現しやすい.

$$E(x) = -\sum_{ij} d_{ij} x_{ij} - \sum_{ij}\sum_{kl} c x_{ij} x_{kl} \qquad (8.6)$$

一方,時間間隔を充分小さくしていけば,その時間間隔内では,土地利用が変化する敷地は高々1つしかないと考えることができる.そこで,都市の状態ベクトルが x であったときに,この微小時間後の都市の状態ベクトルは $x[ij]$ ($i=1\sim m, j=1\sim m$ のいずれか)に変化するか x のままである.そして,その状態遷移は確率的であり,状態 x から $x[ij]$ に移る確率は,以下のようにE関数を用いて記述できることが分かっている.

$$p(x, x[ij]) = \frac{1}{m^2 \cdot (1+\exp[E(x[ij])-E(x)])} \text{ for all } ij \qquad (8.7)$$

8.2.2 単純化モデルの数値例

本モデルの特徴を明確にする上で,数値例を示しておく.都市全体は,m=40 すなわち東西に40分割,南北に40分割された計1600個の敷地よりなる.隣接敷地からの影響の係数は c=0.5 と仮定しておく.初期時点での土地利用状態としては,まったくランダムであるとして,+型の場所に土地利用が1に

なるように，それ以外の所は土地利用が−1となるように誘導する．この数値シミュレーションを示したものが，第2章で示した図2-2である．つまり，図2-1に示した＋型の場所に土地利用が1となるインセンティブを与えて，ランダムな状態を初期値として誘導すると，ほぼ＋型の場所に土地利用が1となる土地利用が実現することがわかる．つまり誘導目標通りとなり，厳しい規制をしなくとも誘導可能であることを示している．

8.3 土地利用の瞬間的混乱の確率論的定式化

8.3.1 土地利用混乱モデル

本研究では，上述のように都市の各敷地の条件は一様であることを想定している．しかし，たとえ同一条件であっても，地震災害のように突然都市に被害をもたらす場合を想定すると，被害に確率的なばらつきが生じる．その結果として，各敷地の土地利用状態も確率的に変化すると考えることができる．そこで，このランダムな土地利用変化を以下のように定式化する．

まず，混乱直前の都市状態ベクトルを，

$$x^0 = (x^0_{11}, x^0_{12}, \cdots, x^0_{1m}, x^0_{21}, \cdots, x^0_{m,m-2}, x^0_{m,m-1}, x^0_{m,m}) \tag{8.8}$$

と表すことにし，各敷地の変化は確率的には独立であるとして，敷地 (i, j) の土地利用 x^0_{ij} が x^*_{ij} に変化する確率は以下のようになる．

$$\begin{aligned} P[X^*_{ij} = x^*_{ij} \mid X^0_{ij} = x^0_{ij}] &= p \quad if \; x^*_{ij} \neq x^0_{ij} \\ &= 1-p \quad if \; x^*_{ij} = x^0_{ij} \end{aligned} \tag{8.9}$$

この結果，都市全体としての変化，つまり都市状態で x^0 あったものが x^* に変化する確率は以下のように計算される．

$$P(X^* = x^* \mid X^0 = x^0) = \prod_{ij} p^{(x^*_{ij} - x^0_{ij})^2/4} (1-p)^{1-(x^*_{ij} - x^0_{ij})^2/4} \tag{8.10}$$

以下の展開のために上記の対数を活用する．

$$\ln P(X^*=x^* \mid X^0=x^0) = \ln p \cdot \prod_{ij}(x_{ij}^*-x_{ij}^0)^2/4$$

$$+\ln(1-p)\cdot\sum_{ij}(1-(x_{ij}^*-x_{ij}^0)^2/4)$$

つまり，

$$\ln P(X^*=x^* \mid X^0=x^0)=\frac{1}{4}\ln\frac{p}{1-p}\cdot\sum_{ij}(x_{ij}^*-x_{ij}^0)^2 + m^2\ln(1-p)$$

(8.11)

8.3.2 土地利用混乱モデルの数値例

第2章で数値例で示した誘導された安定状態の図8-1（左）を混乱直前状態として，上記の理論モデルから混乱直後の土地利用状態を計算してみたものが図8-1（右）である．各敷地での土地利用が変化してしまう確率は$p=0.1$と低いものの都市全体としてはかなり変化し，直前状態の＋型の形状がかろうじて残存しているのがわかる程度である．なお，本研究では混乱直前状態が誘導プランになっている場合を議論しているが，シミュレーション実験では完全に誘導プランになっていなくとも以下の復元過程でも同様の結果が観測されている．また，確率pを上記の値よりも大きくしていくと，後に示す復元過程がゆっくりしたものとなり，さらに大きくすると復元がなかなか生じないという定性的傾向がシミュレーション実験で観察されている．

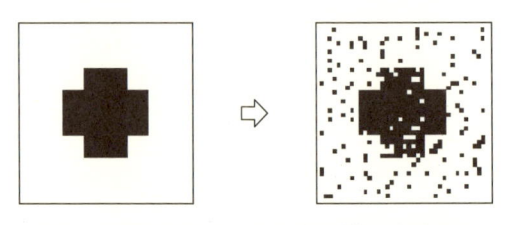

図8-1 混乱直前状態と混乱直後状態の土地利用

8.4 瞬間的混乱以降の短期的状態変化

8.4.1 混乱以降の短期的状態変化モデル
混乱以降の都市の土地利用変化を定式化することを試みる．
時刻の原点を混乱直後に定める．すなわち，
$$x(0) = x^* \tag{8.12}$$
とする．

これ以降の都市の状態変化に関して一番単純な考え方は，混乱以前と土地利用変化の仕組みが同じであるとするものである．これを正確に述べれば，土地利用変化を決定づける E 関数が混乱以前と同じものとなる場合である．

この場合，2節で述べた通常状態のモデルと同じであり，同じ結果となる．すなわち，8.2.2 で示したようにどんなランダムな土地利用状態からスタートしたとしても，ある安定な土地利用パターンに収束していく．もしも，混乱直前状態が，すでに充分時間経過した後の安定パターンになっていたとしたら，混乱後も同じ安定パターンになるので，結果として混乱直前の安定パターンに戻るということができる．

土地利用の混乱が生じる現象として地震災害を想定してみると，被災直後には，混乱した経済状態の結果として，建設費の高騰が予想できる．この場合，土地利用変化が建設費用を必要とするものと考えれば，通常のインセンティヴよりも，建設費用増分だけ土地利用変化のインセンティヴは減少するはずである．この効果を組み込んで，混乱以降の変化を決定づける E 関数を定式化してみる．

そこで，建設コスト増分による E 関数補正部分を G とおき，それ以外の部分を $E_1(x)$ とすると，混乱以降の場合の時間とともに減少する E 関数は，
$$E'(x) = E_1(x) + G \tag{8.13}$$
と表される．上式の第1項は，従来の E 関数とほぼ同じものと考えれば，ほぼ

1に近い係数θを用いて,

$$E_1(x) = \theta \cdot E(x) \tag{8.14}$$

と近似できよう.

　一方,補正項Gは,土地利用1から-1への変化の場合も,土地利用-1から1への変化の場合も建設費用の増分は同じbであると単純化して考えるとすれば,

$$G = b \times (時刻 t-1 から時刻 t で土地利用を変化させた敷地の数)$$

ということになる.これは,土地利用が1と-1で表されていることを考えると次のように表すことができる.

$$G = b \sum_{ij} \frac{(x_{ij}(t) - x_{ij}(t-1))^2}{4} \tag{8.15}$$

となる.この結果として,混乱以降でのE関数は次のように表される.

$$E'(x) = \theta \cdot E(x(t)) + b \sum_{ij} \frac{(x_{ij}(t) - x_{ij}(t-1))^2}{4} \tag{8.16}$$

なお,上式において,$\theta=1$, $b=0$としたケースが本項の冒頭で議論した一番単純なケースで,上式はその単純なケースも包含したモデルとなっている.

8.4.2　混乱以降の短期的状態変化の理論的解明

　混乱以降の状態変化を特徴づけているのは,上述のE関数である.次第に均衡状態に収斂するが,この収斂状態の生起確率は,このE関数の値が小さいほど高い.すなわち,E関数の値が小さいほど出現しやすい.この事実を前提として,やや飛躍するように見えるが,混乱直後の都市の土地利用パターンx^*から混乱直前状態x^0を推定する統計学的問題を考える.すなわち,データx^*が与えられたときにx^0を推定する.推定方法としては,条件付き確率$P(X^0 = x^0 | X^* = x^*)$を最大とするx^0を求めればよい.この確率はベイズの方程式により次のように記述できる.

$$P(X^0{=}x^0 \mid X^*{=}x^*) = \frac{P(X^*{=}x^* \mid X^0{=}x^0)P(X^0{=}x^0)}{P(X^*{=}x^*)} \qquad (8.17)$$

つまり,上式を最大化するx^0を求めればよい.何らかの方法で上式を最大化していくプロセスをベイズ識別規則を用いた推定過程というが,ここでは単にベイズ推定過程と呼ぶ.

上記の準備のもとで,次の命題が証明できる.

命題:都市モデルにおいて,均衡状態に充分近い状態x^0に達した後にランダムなノイズにより瞬間的に状態x^*となったとする.この状態$x^*{=}x(0)$からのE関数$E'(x)$を減少させる状態変化過程には,これと等価なデータx^*からノイズ前の状態x^0を推定するベイズ推定過程が存在する.

証明:ベイズ方程式(8.17)の対数をとることで,ベイズ推定過程は,変数x^0を変化させて以下の式を最大化することと等価になる.

$$\ln P(X^0{=}x^0 \mid X^*{=}x^*) = \ln P(X^*{=}x^* \mid X^0{=}x^0)$$
$$+ \ln P(X^0{=}x^0) - \ln P(X^*{=}x^*)$$

上式の第1項は,すでに(8.11)式で求めてある.

第2項は,状態が均衡状態とみなせるときには,(8.4a)式で示したように,

$$P(X^0{=}x^0) = \frac{\exp[-E(x^0)]}{Z}$$

が成立しているので,次式のように計算できる.

$$\ln P(X^0{=}x^0) = -E(x^0) - \ln Z$$

したがって,先の条件付き確率の対数は,これらの結果を代入することで,以下のように整理できる.

$$\ln P(X^0{=}x^0 \mid X^*{=}x^*) = A\sum_{ij}(x_{ij}^* - x_{ij}^0)^2 - E(x^0) + K$$

ただし,

$$A=\frac{1}{4}\ln\frac{p}{1-p},$$

$$K=m^2\ln(1-p)-\ln Z-\ln P(X^*=x^*)$$

条件付き確率の対数式右辺における最後の項 K には，変数 x^0 は含まれないので，条件付き確率の最大化をすることは，

$$Q=E(x^0)-A\sum_{ij}(x_{ij}^*-x_{ij}^0)^2$$

を最小化する x^0 を求めることと等価である．

一方，混乱以降の E 関数 $E'(x)$ は，(8.16) 式で表されていた．パラメータ θ が定数であるとき，E 関数 $E'(x)$ が減少することと，

$$E'(x)/\theta=E(x(t))+\frac{b}{4\theta}\sum_{ij}(x_{ij}(t)-x_{ij}(t-1))^2$$

が減少することは等価である．上記第 2 項は，土地利用が変化するときだけ増加する量であるので，E 関数 $E'(x)$ の減少は，

$$Q'=E(x(t))+\frac{b}{4\theta}\sum_{ij}(x_{ij}(t)-x_{ij}(0))^2$$

を最小化することと等価である．

上記の事実は，

$$\frac{b}{4\theta}=A=\frac{1}{4}\ln\frac{p}{1-p}$$

すなわち，

$$p=\frac{\exp[-b/\theta]}{1+\exp[-b/\theta]} \tag{8.18}$$

のとき，状態 $x^*=x(0)$ からの E 関数 $E'(x)$ を減少させる状態変化過程が，ベイズ推定過程とが等価になっていることを意味する．

この命題は，混乱以降の都市の土地利用変化過程があたかも混乱直後の状態

から直前の状態を推定していく過程とみなしうることを示しており，とくに(8.18)式が成立しているときには両者は完全に一致する．一致しない場合でも，(8.18)式の確率で混乱が生じたものとして直前状態を推定していく過程であり，(8.18)式の値が1/2以下となる範囲で成立している．

また，この命題の証明プロセスを追っていくと，混乱前の状況に復元してゆくことに寄与しているのは，隣接性条件が本質的であることがわかる．この隣接性条件は，同じ用途のものが隣接しやすく異なる用途のものが隣接しにくいという性質であり，この性質は前章で示したように混在を抑え用途純化したゾーン形成を促すものでもあった．この事実は，隣接性条件が，ランダムな変化を元に戻すという土地利用パターンの安定性に寄与していることを示している．

8.4.3 混乱以降の短期的状態変化の数値例

上記のモデルで混乱以降の短期的状態変化を数値計算してみる．初期状態は瞬間的混乱が発生した前述の図8-1（右）の状態とし，$b/\theta=1$として計算し

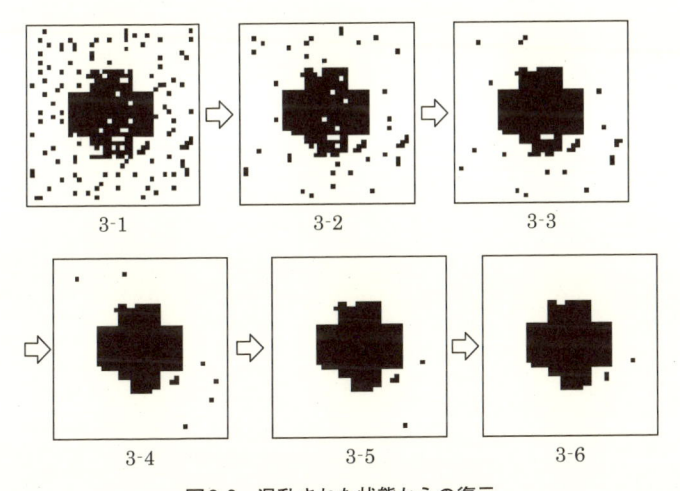

図8-2 混乱された状態からの復元

てみると理論通り混乱直前の土地利用パターンに戻ることが確認できた．つまり，混乱直前の状態に自動的に復元するのである．

さらに，上記の理論的検討の場合よりも復元しにくいと思われるが現実に近いと思われる状況に設定してみる．すなわち，地震災害を想定して混乱以降では土地利用の誘導が一切されない状況を想定した．この場合，E関数の第1項が0，つまりすべての場所で$c_{ij}=0$となっている．シミュレーション結果は図8-2のようになり，混乱直前の形状に戻ってゆくことが観察できる．

8.5　結果の解釈とまとめ

本章では，2値状態都市モデルを用いて，シミュレーションと数理的検討により，地震災害のような瞬間的な混乱以後の過程では，あたかも混乱直前の状態に復元していくような変化が起こりえることを示した．

この結果は，地震直後に，復元的な変化過程が起こることを念頭にして，この復元力を活用した被災前の都市パターンに近い復興プランの方が無理のない計画であることを示唆しており，また，日常から望ましい土地利用への計画が立案されることの重要性を示している．

さらに，ランダムな変化があったとしても元に戻るという土地利用パターンの安定性という観点からは，同種の土地利用が隣接しやすいという隣接性条件が，土地利用パターンの安定性に寄与していることが明らかとなった．

第9章 空間相関論

確率論的な観点から抽象的に定式化された都市モデルの内容と現実の都市の内容と一致するだろうかという疑問を解消するため，確率論的都市モデルから理論的に空間相関関数が導出し，これと実際に計測した空間相関関数との一致性を確認する．この一致性は，われわれのモデルが現実とかけ離れたものでないことを示す証拠になっている．

9.1 モデルの実証可能性

9.1.1 モデルと現実の都市との関連性

前章までに議論した内容は，いくつかの仮定に基づいて定式化された確率論的都市モデルから数理的に導出した結果であって，そうした結果がどれほど現実の都市に適合しえるものなのかは定かでない．本章では，確率論的都市モデルが現実の都市の性質を反映しているという証拠を明示してみたい．どのようなものであれば証拠となりえるだろうか．

ひとつの考え方として，確率論的都市モデルで予想されるものが，現実の都市で計測されるものと一致する場合，完全な証拠とまでは言えないにしても，確率論的都市モデルが現実の都市と適合しているという間接的な証拠と言えよう．

そうしたものとして，空間相関関数がある．この関数は確率論的都市モデ

ルから理論的に関数形が導出できる可能性がある．また，一方で，現実の都市のデータから計測できる．この計測地が理論的に導出したものと一致すれば，間接的な証拠になる．

9.1.2 空間相関関数

空間相関関数の概念は，青木[6]で報告されているように 1950 年代の 2 次元空間での確率過程の研究[1, 3]により導入され，Cliff 等の出版[5]により同一変数のある距離をおいた地点同士の相関である Auto-Correlation は地理学の分野で注目されるようになった．青木[6]は異なる変数同士の相関である相互空間相関関数も含めた空間相関関数の概念を拡張定義した．この広義の空間相関関数を用いて土地利用を解析することで，土地利用の連担性・排斥性など都市の空間構造を把握しうることを指摘した[7]．以来，さまざまなデータを用いた都市空間構造分析が試みられてきた[8, 9, 11]．飯塚ら[17]は空間相関関数を距離と方向の 2 成分に分解し，距離の関数である空間相関関数の形状として，

$$f(r) = \exp[ar^b] \tag{9.1}$$

ただし，r は距離，a, b は定パラメータ

という関数形を推定している．

一方，提案した 2 章の確率論的 2 状態モデルを出発点として，青木[19]は，都市空間を線状と仮定して，空間相関関数の形状を理論的に導出することを試み，空間相関関数の背後に確率論的モデルで記述できる構造が潜んでいることを明らかにした．しかし，導出されたのは 1 次元の都市空間を仮定していたため，実際のデータと異なる形状となった．

本章では，2 次元都市空間における空間相関関数の理論的導出を試み，現実の都市で計測されたものと一致することを確かめる．

9.2 確率論的2状態モデル

本章でも前章と同様,2次元都市空間での確率論的都市モデルを基礎として検討する.すなわち,都市空間は座標 (i, j) で表される格子状に並んだ $n \times n$ 個の敷地より構成され,各地点の土地利用用途は2種類に分類されている.以下 -1 と 1 で2種の土地利用を表す.都市は n^2 個の要素 x_{ij} からなるベクトル x で表される.また,各地点間の影響が距離の増加とともに減少するという場合には,パラメータ $c_{ij}, c_{iji'j'}$ を含む,次の E 関数と呼ぶ関数

$$E = -\sum_{ij} c_{ij} x_{ij} - \sum_{ij, i'j'} c_{iji'j'} x_{ij} x_{i'j'} \tag{9.2a}$$

$$\text{ただし, } i, j, i', j' \in \{1, 2, \cdots, n\} \tag{9.2b}$$

が存在し,次の確率分布で示される確率的均衡状態に収束することが示されている.

$$p(x) = \frac{1}{Z} \exp[-\beta E(x)], \tag{9.3a}$$

$$\text{ただし, } Z = \sum_x \exp[-\beta E(x)] \tag{9.3b}$$

以下,空間相関関数の理論導出のために,上記モデルをさらに単純化した場合を考察する.また以降では場所 (i, j) の近傍を $B(i, j)$ と表記する.

① 一様近接性:

$$c_{iji'j'} = c \text{ for all}(i', j') \in B(i, j), \tag{9.4a}$$

$$c_{iji'j'} = 0 \text{ for all}(i', j') \notin B(i, j) \tag{9.4b}$$

② 対称性:

$$c_{ij} = 0 \text{ for all}(i, j), \tag{9.5}$$

③ 類似性:

$$c > 0 \tag{9.6}$$

①の条件は，パラメータがどの場所でも同じであること，および近接した土地同士しか影響しあわないこと，②は，土地利用-1と1とが記号の区別にすぎないこと，③は近接した土地の用途は同じものになりやすいことを示している．

これらの仮定のもとで，E関数は以下のようになる．

$$E = -\sum_{i'j' \in B(ij)} c \cdot x_{ij} x_{i'j'} \tag{9.7}$$

9.3 空間相関関数

9.3.1 空間相関関数の確率表現

自己空間相関関数は，2地点間の相関係数を東西・南北方向の空間ラグ（位置のずれ）の関数とみなしたものである．以下では，原点 $(0, 0)$ と座標 (i, j) の2地点に関する土地利用の相関係数に注目する．すなわち，

$$R(x_{00}, x_{ij}) = \langle x_{00} x_{ij} \rangle = \sum_x x_{00} x_{ij} p(x) \tag{9.8}$$

を考える．上記の和はすべての都市状態 x についての和という意味である．この点をはっきりさせるため，下記の Tr（トレース）という演算記法を用いる．すなわち K 個の変数 $x_i : i = 1 \sim K$ より構成される関数 $f(x_i : i = 1 \sim K)$ のトレースとは以下で定義される演算である．

$$Tr(f(x_i : i=1, \cdots, K)) = \sum_{x_1=1,-1} \sum_{x_2=1,-1} \cdots \sum_{x_K=1,-1} f(x_i : i=1, \cdots, K) \tag{9.9}$$

この記法を用いると確率的均衡状態での確率が与えられているので，相関関数は以下のように記述できる．

$$R(x_{00}, x_{ij}) = \frac{Tr(x_{00}x_{ij}\exp[-\beta E])}{Tr(\exp[-\beta E])} \tag{9.10}$$

ここで，対称性条件が成立しているので，$x_{00}=1$ のときと $x_{00}=-1$ のときの結果は同じものになる．したがって，次式が成立している．

$$\langle x_{00}x_{ij}\rangle = \langle x_{00}x_{ij} \mid x_{00}=1\rangle = \langle x_{00}x_{ij} \mid x_{00}=-1\rangle \tag{9.11}$$

この結果，空間相関関数は以下の式で与えられることになる．ただし，次式のトレースは原点での値を $x_{00}=1$ と固定しその他の変数についてのトレース演算をするものである．

$$R(x_{00}, x_{ij}) = \frac{Tr(x_{ij}\exp[-\beta E])}{Tr(\exp[-\beta E])} \tag{9.12}$$

ここで位置 (i, j) での変数 x_{ij} の平均値 m_{ij} を考えると

$$m_{ij} = \langle x_{ij}\rangle = \frac{Tr(x_{ij}\exp[-\beta E])}{Tr(\exp[-\beta E])} \tag{9.13}$$

となって，これから求めようとする空間相関関数の値と一致することが分かる．

9.3.2 平均場近似理論

2次元空間での空間相関関数を厳密に導出することは困難なため，統計物理学で用いられる平均場近似理論[12]を適用する．これは一種の近似解を求めるための強力な手法である．確率変量が平均値を中心にして揺らいでいると考え，平均値 m とゆらぎ δx の和として確率変量 x が定義できるとするとともに，ゆらぎの2次項が全体として無視しうることを想定する．

以下の議論での表記の簡便性のため，座標を r と略記する．つまり，

$$r = (i, j), \quad r - r' = (i, j) - (i', j') = (i - i', j - j') \tag{9.14}$$

であり，変数 x_{ij} は $x(r)$ とも書かれる．

上記の準備のもとで，平均場近似理論を，われわれの都市空間の問題に適用すれば，各座標 r で，

$$x(r) = m(r) + \delta x(r) \tag{9.15}$$

と表される．このとき，E 関数は，

$$E = -\sum_{r,\,r'} c(r-r') x(r) x(r') \tag{9.16}$$

と表される．ここで，係数 c を $r-r'$ の関数のように表現したのは，この値が近傍においてのみ正の値をとり近傍以外で 0 となることから，地点 r と地点 r' との距離 $|r-r'|$ にのみ依存していることを明確にするためである．したがって，次の関係が成立している．

$$c(r-r') = c(r'-r) \tag{9.17}$$

E 関数の各項の積を考えてみると，

$$\begin{aligned}x(r)x(r') &= \{m(r) + \delta x(r)\}\{m(r') + \delta x(r')\} \\ &= m(r)m(r') + m(r)\delta x(r') + m(r')\delta x(r) + \delta x(r)\delta x(r')\end{aligned} \tag{9.18}$$

ここで，ゆらぎ 2 次項の全体への影響が無視しえるという仮説（次式中の $\simeq$ は近似的に等しいことを表す）

$$\sum_{r,\,r'} c(r-r')\delta x(r)\delta x(r') \simeq 0 \tag{9.19}$$

を導入する．このとき，E 関数は次のように計算できる．

$$\begin{aligned}E = &-\sum_{r,\,r'} c(r-r') m(r) m(r') - \sum_{r,\,r'} c(r-r') m(r) \delta x(r') \\ &-\sum_{r,\,r'} c(r-r') m(r') \delta x(r)\end{aligned} \tag{9.20}$$

ここで，

$$M = \sum_{r,\,r'} c(r-r') m(r) m(r') \tag{9.21}$$

とおくと，次の結果を得る．

$$E = -M - 2\sum_{r'} m(r') \sum_r c(r-r')\delta x(r)$$

$$= -M - 2\sum_{r'} m(r') \sum_r c(r-r')(x(r)-m(r))$$

$$= M - 2\sum_{r'} m(r') \sum_r c(r-r')x(r) \tag{9.22}$$

以上の結果から，先に定義した Z は次のように計算できる．

$$Z = Tr(\exp[-\beta E])$$

$$= Tr\Big(\exp\Big[-\beta M + 2\beta \sum_{r'} m(r') \sum_r c(r-r)x(r)\Big]\Big)$$

$$= e^{-\beta M} \cdot Tr\Big(\exp\Big[2\beta \sum_{r'} m(r') \sum_r c(r-r')x(r)\Big]\Big) \tag{9.23}$$

ここで，トレース部分，

$$Q = Tr\Big(\exp\Big[2\beta \sum_{r'} m(r') \sum_r c(r-r')x(r)\Big]\Big) \tag{9.24}$$

を $r = r_1$ に関して計算をすると，

$$Q = \Big\{\exp\Big[2\beta \sum_{r'} m(r')c(r_1-r') \cdot 1\Big]$$

$$+ \exp\Big[2\beta \sum_{r'} m(r')c(r-r') \cdot (-1)\Big]\Big\}$$

$$\times \mathop{Tr}_{r \neq r_1}\Big(\exp\Big[2\beta \sum_{r'} m(r') \sum_{r \neq r_1} c(r-r')x(r)\Big]\Big) \tag{9.25}$$

すなわち，

$$Q = 2\cosh\Big(2\beta \sum_{r'} m(r')c(r-r')\Big)$$

$$\times \mathop{Tr}_{r \neq r_1}\Big(\exp\Big[2\beta \sum_{r'} m(r') \sum_{r \neq r_1} c(r-r')x(r)\Big]\Big) \tag{9.26}$$

この操作を r_1 以外についても実行することで次の結果を得る.

$$Q = \prod_r 2\cosh\left(2\beta \sum_{r'} m(r')c(r-r')\right) \tag{9.27}$$

これを先の式に代入することで，以下の結果を得る.

$$Z = e^{-\beta M} \prod_r 2\cosh\left(2\beta \sum_{r'} m(r')c(r-r')\right) \tag{9.28}$$

次に座標 r_* での平均値を求める．これは次の定義式から計算できる.

$$m(r_*) = \frac{Tr(x(r_*)\exp[-\beta E])}{Z} \tag{9.29}$$

この式は，前項で述べたように原点と座標 r_* の間の空間相関関数に一致している．つまり，以下の議論は平均値を求める議論であると同時に空間相関関数を求める議論になっている．上式の分母は既に計算してあるので，分子を求める.

$$Tr(x(r_*)\exp[-\beta E]) \tag{9.30}$$
$$= e^{-\beta M} \cdot Tr\left(x(r_*)\exp\left[2\beta \sum_{r'} m(r') \sum_r c(r-r')x(r)\right]\right)$$

トレース演算を r_* についてのみ別に計算することで,

$$Tr(x(r_*)\exp[-\beta E]) = e^{-\beta M}\left\{1 \cdot \exp\left[2\beta \sum_{r'} m(r')c(r_*-r') \cdot 1\right]\right.$$
$$+ (-1) \cdot \exp\left[2\beta \sum_{r'} m(r')c(r_*-r') \cdot (-1)\right]\right\}$$
$$\times \underset{r \neq r_*}{Tr}\left(\exp\left[2\beta \sum_{r'} m(r') \sum_{r \neq r_*} c(r-r')x(r)\right]\right) \tag{9.31}$$

となり，次の結果を得る.

$$Tr(x(r_*)\exp[-\beta E]) = e^{-\beta M} \cdot 2\sinh\left(2\beta \sum_{r'} m(r')c(r_*-r')\right)$$

$$\times \prod_{r \neq r_*} 2\cosh\left(2\beta \sum_{r'} m(r')c(r-r')\right) \quad (9.32)$$

以上の結果を前出の式の分子に代入することで,

$$m(r_*) = \frac{2\sinh\left(2\beta \sum_{r'} m(r')c(r_*-r')\right)}{2\cosh\left(2\beta \sum_{r'} m(r')c(r_*-r')\right)} \quad (9.33)$$

を得る．これは任意の座標 r_* で成立するので，一般に，任意の座標 r で，

$$m(r) = \tanh\left(2\beta \sum_{r'} m(r')c(r-r')\right) \quad (9.34)$$

となる．すなわち，空間相関関数（平均値）は，上式を関数方程式と見た場合の解関数である．

9.3.3 空間相関関数の導出

先の関数方程式（9.34）を解析的に解くことは困難なようである．そこで，われわれが持っている経験的知識を前提として近似解を求めてみたい．

経験的に，充分離れた地点同士では相関関係が無くなってしまうことが実際に観測される．つまり，座標 r が原点から離れているとき，相関関数の値でもある上式の m は充分小さい変量とみなすことができる．以下では，座標 r を，原点からのベクトル r の距離の成分表示と考えると座標 r は原点からの距離 r のように考えても差し支えない．混乱が生じない範囲で r を距離のように扱う．ただし，厳密な議論が必要なときには座標であることを明示する．距離 r が充分大きく変量 m が充分小さい場合には，先の式は，

$$m(r) \simeq 2\beta \sum_{r'} m(r')c(r-r') \quad (9.35)$$

のような近似式になる．しかし，距離 r が短い，つまり，原点の近くでは，変

量 m は充分小さいと見なせないので，上式の近似には誤差が生じてしまう．この誤差

$$e(r) = \left| \tanh\left(2\beta \sum_{r'} m(r')c(r-r')\right) - 2\beta \sum_{r'} m(r')c(r-r') \right| \quad (9.36)$$

を考えると，図9-1上段に示すように原点付近で相対的に大きな誤差が生じ，r の大きい周辺部では誤差はほとんど無くなる．そこで，充分大きな r についての解を求める場合には，図9-1下段のように相対的に原点付近だけで誤差が生じると見なすことができる．したがって，充分大きな r について議論している場合の誤差関数は原点でのみ非零の値をとり，原点以外では零となるデルタ関数 $\delta(r)$ で表現できる．このとき相関関数は，先の近似式（9.35）に誤差分の補正を加えた方程式を満足することになる．つまりデルタ関数を用いた次の関数方程式の解とみなせる．

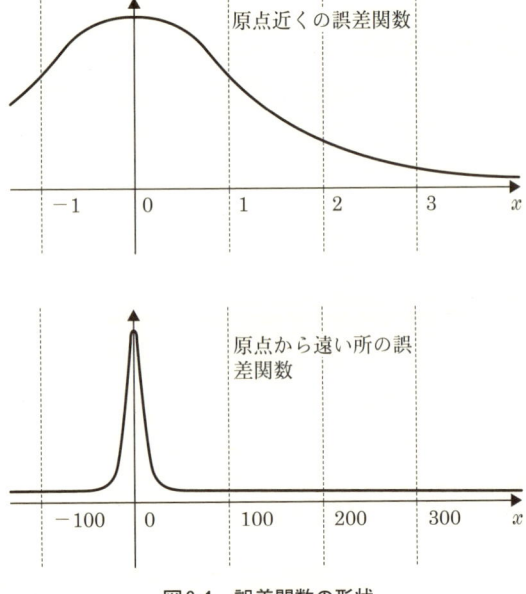

図9-1　誤差関数の形状

$$m(r) = 2\beta \sum_{r'} m(r')c(r-r') + \alpha \cdot \delta(r) \ for\ r \gg 1 \tag{9.37}$$

以下の議論では，空間の次元によって結果が異なることが予想されるために，上式までに得られた結果を，厳密に2次元空間座標で記述しておく．この際，数学的な見通しをよくするため，空間を離散的ではなく連続的に表現する．つまり，離散的空間座標 $r=(i,j)$ を連続的座標 (r_1, r_2) で表示する．このとき，先の関数方程式（9.37）は次のようになる．

$$m(r_1, r_2) = 2\beta \int_{-\infty}^{\infty} \int_{-\infty}^{\infty} \phi(r_1-r'_1, r_2-r'_2) m(r'_1, r'_2) dr'_1 dr'_2 + \alpha \cdot \delta(r_1, r_2) \tag{9.38}$$

ここで関数 ϕ は関数 c を連続変量の関数に拡張したものである．

上式第1項の積分は2次元 convolution（畳み込み積分）と呼ばれるものであることに注意して，次のような2次元フーリエ変換・逆変換

$$F(\omega_1, \omega_2) = \frac{1}{2\pi} \int_{-\infty}^{\infty} \int_{-\infty}^{\infty} f(r_1, r_2) e^{i(\omega_1 r_1 + \omega_2 r_2)} dr_1 dr_2 \tag{9.39a}$$

$$f(r_1, r_2) = \frac{1}{2\pi} \int_{-\infty}^{\infty} \int_{-\infty}^{\infty} F(\omega_1, \omega_2) e^{-i(\omega_1 r_1 + \omega_2 r_2)} d\omega_1 d\omega_2 \tag{9.39b}$$

を用いる．このとき，前述のデルタ関数 $\delta(r_1, r_2)$ のフーリエ変換が定数になることに注意すると，以下の周波数領域での方程式が得られる．

$$\begin{aligned} M(\omega_1, \omega_2) &= \frac{1}{2\pi} \int_{-\infty}^{\infty} \int_{-\infty}^{\infty} m(x_1, x_2) e^{i(\omega_1 r_1 + \omega_2 r_2)} dr_1 dr_2 \\ &= 2\pi \cdot 2\beta \cdot \Phi(\omega_1, \omega_2) M(\omega_1, \omega_2) + C \end{aligned} \tag{9.40a}$$

ただし，

$$\Phi(\omega_1, \omega_2) = \frac{1}{2\pi} \int_{-\infty}^{\infty} \int_{-\infty}^{\infty} \phi(r_1, r_2) e^{i(\omega_1 r_1 + \omega_2 r_2)} dr_1 dr_2 \tag{9.40b}$$

ここで，実空間での距離 r が大きいということは周波数空間では周波数 ω が小さいということに対応していることに注意して，関数 Φ の周波数空間の原点

付近での近似多項式を考える．もとの関数 ϕ が偶関数であることから，

$$\Phi(\omega_1, \omega_2) = \Phi(0,0) + \frac{\partial^2 \Phi(0,0)}{\partial \omega_1^2}\omega_1^2 + \frac{\partial^2 \Phi(0,0)}{\partial \omega_2^2}\omega_2^2 \tag{9.41a}$$

となる．ここで，

$$\Phi(0,0) = \frac{1}{2\pi}\int_{-\infty}^{\infty}\int_{-\infty}^{\infty}\phi(r_1, r_2)dr_1 dr_2 \tag{9.41b}$$

$$\frac{\partial^2 \Phi(0,0)}{\partial \omega_i^2} = \frac{-1}{2\pi}\int_{-\infty}^{\infty}\int_{-\infty}^{\infty} r_i^2 \phi(r_1, r_2)dr_1 dr_2, \text{ for } i=1,2 \tag{9.41c}$$

である．

これらの量は定数であるので，

$$a = \frac{1}{2\pi}\int_{-\infty}^{\infty}\int_{-\infty}^{\infty}\phi(r_1, r_2)dr_1 dr_2 \tag{9.42a}$$

$$b_i = \frac{1}{2\pi}\int_{-\infty}^{\infty}\int_{-\infty}^{\infty} r_i^2 \phi(r_1, r_2)dr_1 dr \tag{9.42b}$$

とおくことができる．したがって，以下の近似式が得られる．

$$\Phi(\omega_1, \omega_2) = a - b_1\omega_1^2 - b_2\omega_2^2 \tag{9.43}$$

この結果を前出の方程式（9.40b）に代入することで，次式を得る．

$$M(\omega_1, \omega_2) = 4\beta\pi(a - b_1\omega_1^2 - b_2\omega_2^2)M(\omega_1, \omega_2) + C \tag{9.44}$$

この結果を整理することで，以下の結果を得る．

$$M(\omega_1, \omega_2) = \frac{C}{1 - 4a\beta\pi + 4b_1\beta\pi\omega_1^2 + 4b_2\beta\pi\omega_2^2} \tag{9.45}$$

さらに，われわれの場合，東西方向と南北方向に差がみられないので，

$$b = b_1 = b_2 \tag{9.46}$$

とおくことができる．さらに

$$\frac{1 - 4a\beta\pi}{4b\beta\pi} > 0 \tag{9.47}$$

という仮定のもとで，

$$M(\omega, \omega) = \frac{B}{A^2 + \omega_1^2 + \omega_2^2} \quad (9.48a)$$

$$A^2 = \frac{1 - 4a\beta\pi}{4b\beta\pi} \quad (9.48b)$$

$$B = \frac{C}{4b\beta\pi} \quad (9.48c)$$

が得られる.

　上式の2次元フーリエ逆変換が得られれば,それがわれわれが求める相関関数である.

　まず,1次元のフーリエ逆変換公式[注1]を用いることで,周波数ω_1による逆変換を以下のように求める.

$$\frac{1}{\sqrt{2\pi}} \int_{-\infty}^{\infty} M(\omega_1, \omega_2) e^{-i\omega_1 r_1} d\omega_1$$
$$= \frac{1}{\sqrt{2\pi}} \int_{-\infty}^{\infty} \frac{B}{\omega_1^2 + (\sqrt{\omega_2^2 + A^2})^2} e^{-i\omega_1 r_1} d\omega_1 \quad (9.49)$$

つまり,

$$\frac{1}{\sqrt{2\pi}} \int_{-\infty}^{\infty} M(\omega_1, \omega_2) e^{-i\omega_1 r_1} d\omega_1 = B\sqrt{\frac{\pi}{2}} \cdot \frac{e^{-\sqrt{\omega_2^2 + A^2}|r_1|}}{\sqrt{\omega_2^2 + A^2}} \quad (9.50)$$

さらに,もうひとつの1次元フーリエ逆変換公式[注2]を活用することで,次の結果を得る.

$$\frac{1}{2\pi} \int_{-\infty}^{\infty} \int_{-\infty}^{\infty} M(\omega_1, \omega_2) e^{-i(\omega_1 r_1 + \omega_2 r_2)} d\omega_2 d\omega_2$$
$$= \frac{1}{\sqrt{2\pi}} \int_{-\infty}^{\infty} B\sqrt{\frac{\pi}{2}} \cdot \frac{e^{-\sqrt{\omega_2^2 + A^2}|r_1|}}{\sqrt{\omega_2^2 + A^2}} e^{-i\omega_2 r_2} d\omega_2$$
$$= B\sqrt{\frac{\pi}{2}} \cdot \sqrt{\frac{2}{\pi}} K_0(A\sqrt{r_2^2 + |r_1|^2}) \quad (9.51)$$

ただし,K_0は『変形されたBessel関数』と呼ばれるものである.

ここで，原点からの距離を改めて

$$r = \sqrt{r_1^2 + r_2^2} \tag{9.52}$$

と書けば，われわれが求める空間相関関数は，次のように表すことができる．

$$m(r) = B \cdot K_0(Ar) \tag{9.53}$$

変形された Bessel 関数は初等関数で記述できないが，充分大きな r に関しては，近似公式[注3]が知られており，これを用いると，変形された Bessel 関数の部分は，以下のように近似できる．

$$m(r) \simeq B \cdot \sqrt{\frac{\pi}{2Ar}} e^{-Ar} \left\{ \frac{1}{(2Ar)^0} + \frac{1/4}{(2Ar)^1} + \cdots \right\} \tag{9.54}$$

この近似式を用いることで，これまでの議論を整理すると次のようになる．

$$m(r) = B \sqrt{\frac{\pi}{2A}} \cdot \frac{e^{-Ar}}{\sqrt{r}} \cdot \left\{ 1 - \frac{1}{8Ar} \right\} \tag{9.55a}$$

$$A = \sqrt{\frac{1 - 4\alpha\pi\beta}{4b\beta}} \tag{9.55b}$$

以上の結果として，充分大きな r に対する空間相関関数の近似式として，次の結果を得る．

$$m(r) = B \sqrt{\frac{\pi}{2A}} \cdot \frac{e^{-Ar}}{\sqrt{r}} \tag{9.56}$$

9.4 実データとの一致性

空間相関関数は，実際の都市データから求めることができるので，上記までの理論的導出結果（9.56）式がどの程度データと一致するか検討したい．しかし，（9.56）式は充分離れた2点間の空間相関関数として求めた近似式であり，近距離の場合には適合しない．そのため，データとの一致性を統計的に単純に

議論することは難しい．したがって，以下ではデータと理論式を図示することで定性的に，その一致性を確認するにとどめる．

また，基礎となる確率論的都市モデルでは，土地利用用途が2種類という単純化したモデルであったため，最初に実データを用途2分類に変換する．すなわち，国土地理院細密数値情報土地利用10mメッシュデータ首都圏版（1994年）より「密集低層集合住宅地＋一般低層集合住宅地」と「それ以外」と2分した．次に，100mきざみで空間相関の値を計算し基本データとした．図9-2に示す各点は，渋谷区（図9-2上段）足立区（図9-2下段）について求めたも

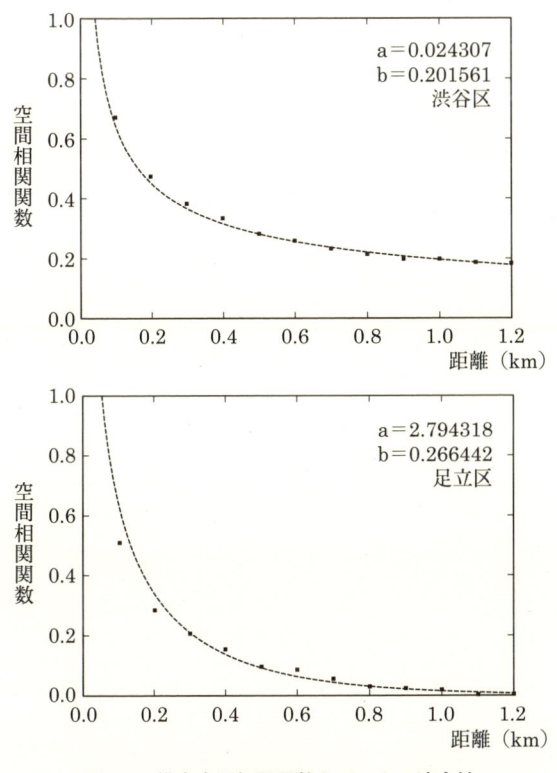

図9-2　推定空間相関関数とデータの適合性

のである．データと理論式（図中の点線）を重ねて表記してみると，データとの適合度はかなり良いことが分かる．本研究で得られた理論式は，300m 以上では充分一致していることが分かる．

なお，図中に示す数値は（9.56）式を次のように簡略的に表現したときのパラメータの値 a, b である．

$$m(r) = b \cdot \frac{e^{-ar}}{\sqrt{r}} \tag{9.57}$$

グラフの減衰を表すパラメータ a は，地域によって大きく異なることが分かる．

なお，青木[19] で得た線状都市の場合の結果よりも，距離減衰効果が大きい本モデルが適合していた．

9.5 結果の意義

導出した空間相関関数の理論式は，飯塚らがデータ解析より推定したモデルとは異なる．しかし，彼らがデータとの適合度が高いとして推定したモデル（(9.1) 式において $b=2$ としたモデル）は，形状として本モデルと類似している．

線状都市の結果[19] と比較すると，空間相関関数の式で距離 r の $-1/2$ 乗という減衰効果（(9.57) 式の分母の項）が加わっている．もともと空間相関関数は距離の増加に伴い減少する関数であるが，各地点相互の影響経路が，線状都市の場合は 2 地点間の直線経路しかなかったが，2 次元空間の場合，迂回して影響する経路が複数あるため，線状都市の場合の空間相関関数に比べて大きな距離減衰効果となって表れてきているものと思われる．

本章では，確率論的な観点から抽象的に定式化された都市モデルから理論的に空間相関関数が導出できた．このことは，実際に計測可能な空間相関関数のデータを用いて確率論的都市モデルのパラメータ推定が可能となることを意味

している．つまり，これまで理論的仮説でしかなかった確率論的都市モデルが都市の基本的特質を記述できているか否かを検証しうるモデルとなったことを意味しており，今回の相関関数の実データとの一致は，理論モデルが現実とかけ離れたものでないことを傍証している．

注

1) 通常のフーリエ変換公式[3]

$$\frac{1}{\sqrt{2\pi}}\int_{-\infty}^{\infty}\frac{1}{x^2+a^2}e^{ixy}dx = \sqrt{\frac{\pi}{2}}\cdot\frac{e^{-a|y|}}{a}\quad for\ a>0 \tag{9.A1}$$

において

$$x \to -\omega,\ y \to x \tag{9.A2}$$

と変数変換することで次のフーリエ逆変換公式をつくる．

$$\frac{1}{\sqrt{2\pi}}\int_{-\infty}^{\infty}\frac{1}{\omega^2+a^2}e^{-i\omega x}d\omega = \sqrt{\frac{\pi}{2}}\cdot\frac{e^{-a|x|}}{a}\quad for\ a>0 \tag{9.A3}$$

2) 前記と同様にしてフーリエ変換公式[3]から誘導された次の逆変換公式を用いる．

$$\frac{1}{\sqrt{2\pi}}\int_{-\infty}^{\infty}\frac{e^{-b\sqrt{\omega^2+a^2}}}{\sqrt{\omega^2+a^2}}e^{-i\omega x}d\omega = \sqrt{\frac{\pi}{2}}\cdot K_0(a\sqrt{x^2+b^2}) \tag{9.A4}$$

3) 次の近似公式[4]が知られている．

$$K_v(z) \simeq \sqrt{\frac{\pi}{2z}}\ e^{-z}\sum_{n=0}^{\infty}\frac{(v,\ n)}{(2z)^n} \tag{9.A5}$$

ただし

$$(v,\ n) = \frac{\Gamma(v+n+1/2)}{\Gamma(v-n+1/2)} \tag{9.A6}$$

付　録

ここでは，数学的な細部について本文で省略したところを，補足しておく．

A1　第2章 (2.4) 式の証明

以下の式が成立することを証明する．

$$\mathrm{Prob}[U_i^+(x) > U_i^-(x)] = \frac{1}{1+\exp[d_i^-(x)-d_i^+(x)]} \tag{2.4a}$$

$$\mathrm{Prob}[U_i^-(x) > U_i^+(x)] = \frac{1}{1+\exp[d_i^+(x)-d_i^-(x)]} \tag{2.4b}$$

証明：

$$\begin{aligned}
\mathrm{Prob}[U_i^+(x) > U_i^-(x)] &= \mathrm{Prob}[d_i^+(x)+\varepsilon > d_i^-(x)+\varepsilon'] \\
&= \mathrm{Prob}[\varepsilon' < d_i^+(x)+\varepsilon - d_i^-(x)] \\
&= \int_{-\infty}^{\infty} f(\varepsilon)\mathrm{Prob}[\varepsilon' < d_i^+(x)+\varepsilon - d_i^-(x)]d\varepsilon \\
&= \int_{-\infty}^{\infty} f(\varepsilon)F(d_i^+(x)+\varepsilon - d_i^-(x))d\varepsilon
\end{aligned}$$

ただし $F(x)$ は確率密度関数 $f(x)$ の分布関数，つまり，

$$f(x) = \exp[-x - \exp[-x]], \quad F(x) = \exp[-\exp[-x]]$$

$$\mathrm{Prob}[U_i^+(x) > U_i^-(x)] = \int_{-\infty}^{\infty} \exp[-\varepsilon - e^{-\varepsilon}] \exp[-e^{-(d_i^+(x)+\varepsilon-d_i^-(x))}] d\varepsilon$$

$$= \int_{-\infty}^{\infty} \exp[-\varepsilon - \alpha \exp[-\varepsilon]] d\varepsilon$$

where $\quad \alpha = 1 + \exp[-(d_i^+(x) - d_i^-(x))]$

$$\mathrm{Prob}[U_i^+(x) > U_i^-(x)] = \frac{1}{\alpha} [\exp[-\alpha \exp[-\varepsilon]]]_{-\infty}^{\infty}$$

$$= \frac{1}{\alpha}$$

$$= \frac{1}{1 + \exp[-(d_i^+(x) - d_i^-(x))]}$$

第2式も同様にして導ける.

A2 第2章命題3の証明

命題3:E関数が存在するならば,任意の初期確率分布 p について,十分な時間経過のもとで,先の均衡分布 q に収束する.

これは有名なエルゴード定理によって,「行列 P が既約で非周期的であるマルコフ連鎖は唯一の均衡状態へ収束する」ことが保証されるので,行列 P が既約かつ非周期的であることを示すことで,均衡分布への収束性が保証できる.

ここでも,E関数の存在を仮定する.

まず,行列 P の s 乗の $N(x), N(y)$ 要素を単に $P^s(x, y)$ と表記する.このとき,任意の x, y に関して,

ある s が存在して,$P^s(x, y) > 0$

のとき,P は既約であるという.以下の命題により,行列 P が既約であることが分かる.

補題1：P は既約である．

証明：P の定義より，任意の x, y について，
$$x_0 = x, \, x_1 = x_0[i], \, \cdots, \, x_{t+1} = x_t[j], \, \cdots, \, x_s = y$$
となる $x_0, \cdots, x_s$ がとれ，
$$p(x_t, x_t[i]) > 0 \quad \text{for all } t=0 \text{ to } s-1$$
となる．したがって，
$$P^s(x, y) = P(x_0, x_1) P(x_1, x_2) \cdots P(x_{s-1}, x_s) > 0$$
すなわち，P は既約である．

次に非周期性を検討する．行列 P が非周期的であるとは，任意の x について，「集合 $\{s | P^s(x, y) > 0\}$ の最大公約数が 1 である」が成立することをいう．

われわれのモデルにおける行列 P が非周期的であることを示すために，最初に次の命題が成立していることを確認する．

補題2：$P(x, x) > 0$ となる状態 x が存在する．

証明：$d_i^+(x), d_i^-(x)$ はいくつかの状態 x で有界な値を持つので $E(x[i]) - E(x)$ が有界な値となる $x, x[i]$ が存在する．このとき，
$$\frac{1}{1 + \exp[\beta(E(x[i]) - E(x))]} < 1$$
また，一般に，
$$\frac{1}{1 + \exp[\beta(E(x[j]) - E(x))]} \leq 1$$
が成立している．そこで，上記の $x, x[i]$ に注目すると
$$\begin{aligned} P(x, x) &= p(x, x) \\ &= 1 - \sum_{j=1}^{n} p(x, x[j]) \\ &= 1 - \sum_{j \neq i} p(x, x[j]) - p(x, x[i]) \end{aligned}$$

$$=1-\sum_{j\neq i}\frac{1}{n\{1+\exp[\beta(E(x[j])-E(x))]\}}$$
$$-\frac{1}{n\{1+\exp[\beta(E(x[i])-E(x))]\}}$$
$$>1-\frac{n-1}{n}-\frac{1}{n}=0$$

この命題を利用して，行列 P が非周期的であることを示す次の命題が得られる．

補題3：行列 P は非周期的である

証明：$P(x, x)>0$ となる状態 x と任意の状態 y について，P の既約性から，ある s_1 が存在して，

$u_0=y, u_1=u_0[i], \cdots, u_{t+1}=u_t[j], \cdots, u_{s_1}=x$

where $P(u_t, u_{t+1})>0$ for all $t=0$ to s_1-1

という系列 $u_0, u_1, \cdots, u_{s_1}$ がとれる．同様に，P の既約性から，ある s_2 が存在して，

$v_0=x, v_1=v_0[i], \cdots, v_{t+1}=v_t[j], \cdots, v_{s_2}=y$

where $P(v_t, v_{t+1})>0$ for all $t=0$ to s_2-1

という系列 $v_0, v_1, \cdots, v_{s_2}$ がとれる．

このとき，ふたつの系列をつなげた

$u_0=y, u_1, \cdots, u_{s_1}=x=v_0, v_1, \cdots, v_{s_2}=y$

という長さ s_1+s_2 の系列がとれて，

$P(y, y)=P(u_0, u_1)P(u_1, u_2)\cdots P(u_{s_1-1}, u_{s_1})$
$\qquad \times P(v_0, v_1)P(v_1, v_2)\cdots P(v_{s_2-1}, v_{s_2})$
$\qquad >0$

さらに，以下の長さ s_1+s_2+1 の系列を作ると，

$u_0=y, u_1, \cdots, u_{s_1}=x, x=v_0, v_1, \cdots, v_{s_2}=y$

$P(x, x)>0$ であったことから，

$$P(y, y) = P(u_0, u_1)P(u_1, u_2)\cdots P(u_{s_1-1}, u_{s_1})$$
$$\times P(x, x)$$
$$\times P(v_0, v_1)P(v_1, v_2)\cdots P(v_{s_2-1}, v_{s_2})$$
$$> 0$$

以上のふたつの結果から，任意の状態 y について，

$$if\ s_1+s_2 \in \{s|P^s(y, y)\}\ then\ s_1+s_2+1 \in \{s|P^s(y, y)\}$$

が成立している．したがって，任意の状態 y について集合 $\{s|P^s(y, y)\}$ の最大公約数は 1 である．

以上の P の既約性および非周期性から，E 関数の存在の仮定のもとで，命題 3 が得られたことになる．

あとがき

　ミクロにみた場合，都市住民は，各自の利益を最大化するように自己の敷地用途を決定すると仮定した．その結果，都市全体の土地利用変容を記述する都市モデルは，マルコフ型の確率過程になること，その都市全体の確率的変化は，ある均衡状態へ収斂することが示された．収斂状態ではE関数の値が小さい状態ほど出現確率が高いが，E関数は，各個人が得る効用の総和に負符号を付したものになるので，結局，都市住民の自由な行動の結果は，効用総和が高い状態ほど高い確率で出現するという常識的には健全な状態へ向かうことがわかる．

　土地利用のパターンも無秩序に向かうものではなく，ある用途の比率が高い地域と低い地域に分かれていき自然とゾーニングが形成できる可能性，同じ用途のものが自然と連担する可能性が示され，個人の自由な行動の結果が，一般に都市計画に期待されるゾーニングの考えにも一致してくることが示された．また，復興過程でも，都市住民の自由な行動が，以前の状態に復元していく可能性を有していることも判明した．

　以上の結果，都市住民の自由な行動は，都市計画で規制されるべきではなく，むしろ，都市住民の行動が都市の健全な発展に寄与する方向を模索すべきであると言える．

　以上の理念的というべき推論が完全であると言い切ることには問題を残しているのも確かである．基本的な可能性は示されたものの現実性が伴っているかどうかには充分な議論はなされていない．たとえば，自然とゾーニングが形成できるはずではあるが，そのプロセスは極めて遅く効率的でないということはありうる．むしろ，本研究で示したのは，都市というシステムが有している可能性である．ちょうど病気のときの回復は生命の自然治癒力が基本となるが，投薬も必要でときには外科手術も必要であるというように，都市計画は，都市システムがもつ自然の摂理を基本としつつ，ときには人為的な計画が必要となる局面もあろう．その意味で，本研究が示したのは，都市システムのもつ

可能性なのである．

　本研究の途中で見いだされた統計物理学との類似性についても言及しておきたい．都市計画の議論が，まったく異なる研究分野のモデルと類似しているということは，異分野での研究成果が都市計画のヒントになること，学際的な研究の可能性があることを意味している．都市計画研究に物理学の研究者が参加する日を夢見て，本書の表記をなるべく物理学の表記にあわせた．また，統計物理学によらず広く他分野との方法論的類似性を意識した研究が進められるべきであるように思う．

引用・参考文献

1) Wittle, P.: On Stationary Process in the Plane, Biometrika, Vol.41, pp.434-449, 1954
2) Heine, V.: Models for Two-dimensional Stationary Stochastic Process, Biometrika, Vol.42, pp.170-178, 1955
3) 森口繁一ほか:数学公式Ⅱ, 岩波書店, 1957
4) 森口繁一ほか:数学公式Ⅲ, 岩波書店, 1960
5) Cliff, A. D. and Ord, J. K.: Spatial Autocorrelation, Pion, 1973
6) 青木義次:メッシュデータの解析の一方法としての空間相関分析法の提案, その1 メッシュデータ解析の問題点と空間相関 分析法の理論, 日本建築学会計画系論文報告集, 第364号, pp.94-101, 1986
7) 青木義次:メッシュデータの解析の一方法としての空間相関分析法の提案, その2 土地利用の連担性・共存性・排斥性の計量化への応用, 日本建築学会計画系論文報告集, 第368号, pp.119-125, 1986
8) 青木義次:メッシュデータの解析の一方法としての空間相関分析法の提案, その3 空間影響関数モデルの有効性と問題点, 日本建築学会計画系論文報告集, 第377号, pp.29-35, 1987
9) 青木義次・大佛俊泰:空間相関関数とその統計的検定の実用的 計算手法と視覚化, 日本建築学会計画系論文報告集, 第416号, pp.45-53, 1990
10) 上坂吉則・尾関和彦:パターン認識と学習アルゴリズム, 文一総合出版, 1990.5
11) 大佛俊泰・青木義次:ロジットモデルと空間影響関数モデルを連動した居住地選択行動モデル, 日本建築学会計画系論文報告集, 第444号, pp.97-103, 1993
12) 藤井勝彦(松原武生監修):統計力学, 内田老鶴圃, 1996
13) 菊池良一・毛利哲雄:クラスター変分法, 森北出版, 1997
14) 川村光:統計物理, 丸善, 1997
15) 青木義次:確率論的安定均衡としての都市の持続可能性とその成立条件, 日本都市計画学会都市計画論文集, vol.36, pp.949-954, 2001.10
16) 青木義次, 納富大輔:地域施設整備過程の最適経路の性質, 日本建築学会計画系論文集, no.558, pp.183-186, 2002.8
17) 飯塚裕介・吉川徹・青木義次:自己空間相関の距離逓減と方向変動に着目した分析, 日本建築学会計画系論文報告集, no.559, pp.227-232, 2002.9
18) 玉川英則・青木義次ほか:持続可能な都市の「かたち」と「しくみ」, 東京都立大学出版会, 2003.2
19) 青木義次:空間相関関数の確率モデルからの導出—1次元都市モデルの場合—, 日本建

築学会 2003 年度学術講演梗概集計画系，F-1, pp.989-990, 2003.8
20) 青木義次：用途規制によらないゾーニングの可能性，日本建築学会計画系論文集，no.573, pp.79-83, 2003.11
21) 青木義次：都市の土地利用パターンの復元性に関する理論的考察，日本建築学会計画系論文集，no.580, pp.149-152, 2004.6
22) 青木義次・関口友裕：外部ゾーンを考慮した事業所移動モデルの構築，日本建築学会計画系論文集，no.580, pp.119-124, 2004.6
23) 青木義次：確率論的都市モデルからの2次元空間相関関数の導出，日本建築学会 2004 年度学術講演梗概集計画系，F-1, pp.463-464, 2004.8
24) 青木義次：確率論的都市モデルからの空間相関関数の導出，都市計画論文集，vol.39, pp.781-786, 2004.10
25) 青木義次：都市形態形成の確率モデル，慶應義塾大学21世紀COEプログラム『知能化から生命化へのシステムデザイン』教育プログラム「都市・建築空間のデザイン」第3回，2004.10
26) 新宮清志・青木義次ほか：ソフトコンピューティング，日本建築学会，2005.3
27) 青木義次：都市均衡状態の不連続的変化と効率的な規制・誘導戦略—確率論的都市モデルにおける平均場理論の適用—，都市計画論文集，vol.40, pp.181-186, 2005.10
28) 青木義次：都市形態形成の確率モデル，慶應義塾大学21世紀COEプログラム『知能化から生命化へのシステムデザイン』教育プログラム「都市・建築空間のデザイン」第4回，2005.10
29) 青木義次：建築計画・都市計画の数学，数理工学社，2006.1
30) 青木義次：確率論的都市モデルの多種用途型への一般化，日本建築学会計画系論文集，no.606, pp.131-135, 2006.8
31) H. Tamagawa, Y. Aoki et al.:Sustainable Cities, United Nations University Press, 2006.8
32) 青木義次：個人の自由と都市の秩序，都市の OR サマーセミナー，2006.8
33) 青木義次：土地利用における非一様パターンの発生過程の分析，都市計画論文集，vol.41, pp.211-216, 2006.10
34) 青木義次：個人行動と都市土地利用パターン；確率論的都市モデルによるいくつかの示唆，都市計画，vol.55, no.6（通巻 no.264），pp.13-18, 2006.12

■著者紹介

青木　義次　（あおき　よしつぐ）

1946年生まれ．

東京工業大学工学部社会工学科卒業，建設省建築研究所研究員，カーネギーメロン大学客員助教授をへて，1983年より東京工業大学工学部建築学科助教授，1991年より教授，現在に至る．

著書に，『建築計画・都市計画の数学』（理工学社），『計画発想法』（彰国社），『一目でわかる建築計画』（共著，学芸出版），*Sustainable Cities*（共著，United Nations Univ. Press），*Decision Support System in Urban Planning*（共著，E&FN SPON），『やさしい火災安全計画』（共著，学芸出版），『建築安全論』（共著，彰国社）など．

1991年日本建築学会賞（論文），2006年都市計画学会論文賞受賞．

都市変容の確率過程
―個人の自由選択による都市秩序形成―

2009年11月30日　初版第1刷発行

■著　　者────青木義次
■発行者────佐藤　守
■発行所────株式会社　大学教育出版
　　　　　　〒700-0953　岡山市南区西市855-4
　　　　　　電話（086）244-1268　FAX（086）246-0294
■印刷製本────モリモト印刷㈱
■装　　丁────ティーボーンデザイン事務所

Ⓒ Yoshitsugu Aoki 2009, Printed in Japan
検印省略　　落丁・乱丁本はお取り替えいたします．
無断で本書の一部または全部を複写・複製することは禁じられています．
ISBN978―4―88730―947―0